조리사, 영양사를 위한

식 품 위 생 학

Food Hygiene

이 준 우

머 리 말

국민의 생활 수준향상과 과학기술의 발달에 따라 식품에 대한 적용 기술이 눈에 띄게 발달하고 있으며, 소비자들의 식품에 대한 인식도 많이 변화하고 있다. 전통적인 식품에 대한 요구는 식품의 영양성과 기호성이 중심이 되어 왔으나, 최근에는 안전한 먹거리를 찾는 안전성의 욕구가 증대되고 있는 실정이다. 바빠진 생활 가운데 대부분의 음식은 조리 또는 가공된 것을 섭취하는 빈도수가 증가하게 됨에 따라, 조리·가공 과정 중에 발생하는 반응물질과 첨가물에 대한 안전성과 위생성의 확보가 중요하다.

본 교재에서는 식품위생과 관련된 기본적인 개념의 이해, 위생의 중심이 되는 미생물, 식중독의 원인인 세균과 곰팡이의 종류와 특성, 자연계에 존재하는 식중독의 원인 물질, 감염병에 대한 기본 개념, 기생충과 위생동물, 식품에 첨가하는 첨가물의 안전성, 식품의 위생 안전에 대한 내용을 수록하였다.

무엇보다도 본 교재는 조리사와 영양사를 목표로 하는 학생들을 중심으로 집필하였으며, 그동안 강의하면서 정리한 자료를 묶었다. 각 장에서는 자격증 취득을 위한 핵심 내용을 중심으로 요약하였으며 최근의 자료를 넣고자 노력하였다. 특히 각 장마다 연습문제를 추가하여 조리사와 영양사 자격증을 취득을 위해 공부하는 학생들이 복습을 할 수 있도록 하였다.

마지막으로 이 책이 출간되기까지 조언을 아끼지 않으신 교수님들과 자료를 제공해 주신 분들께도 감사를 드립니다. 특별히 이 책이 출간되기까지 많은 지원을 아끼지 않으신 도서출판 석학당 윤용호 사장님을 비롯한 임직원 여러분께 진심으로 감사를 드립니다.

2019년 1월

저자 씀

목 차

제 1장

식품위생의 개념

식품위생학

1-1. 식품위생의 정의

식품의 가장 기본적인 기능은 영양성 제공에 있다. 이러한 목적을 달성하기 위해서는 식품의 안전성과 건전성이 확보되어야 한다. 식품의 내부적 및 외부적인 요인에 의한 이상현상(독성)이 발생하지 않아야 하고, 식품으로서의 사회적 이질감이 제거된 형태로 제공되어야 한다. 따라서 인간의 생활 영위를 위해 안전한 먹거리를 제공하는 기술과 태도 등의 제반 과정을 식품위생이라 정의할 수 있다. 식품위생의 개념은 국가마다 약간씩 상이한데, 영국계에서는 식품위생을 food hygiene 미국에서는 food sanitation이라고 하는 데, 식품위생을 표현함에 있어 영국에서는 질병 예방의 개념에 가깝고 미국은 시설이나 기계 및 설비 위생의 하드웨어적인 위생에 관점을 두고 있는 차이가 있다. 현대의 식품위생적 개념은 둘 다를 포함하는 데, 대부분 food hygiene라는 표현을 사용하고 있다.

식품위생의 정의 국가마다 약간의 표현은 상이하나, 1955년 스위스 제네바에서 열린 세계보건기구(WHO)의 환경위생전문위원회에서는 다음과 같이 정의 하였다. "Food hygiene means all measures necessary for ensuring the safety, wholesomeness, and soundness of food at all stages from its growth, production or manufacture until its final consumption." 라고 정의하였다. 즉, 식품위생학이란 "식품의 생육 · 생산 · 제조로부터 최종적으로 사람에게 섭취될 때까지의 모든 단계에 걸쳐 식품의 안전성, 건전성 및 완전성을 확보하기 위하여 필요한 모든 수단을 말한다." 라고 정의하고 있다.

우리나라에서는 식품위생법 제1조(목적)에서 식품위생법은 "식품으로 인한 위생상의 위해를 방지하고 식품영양의 질적 향상을 도모함으로서 국민보건의 향상과 증진에 기여함을 목적으로 한다" 라고 규정하고 있다. 식품위생법 제1조 11항에서 식품위생이란 "식품, 식품첨가물, 기구 또는 용기 · 포장을 대상으로 하는 음식에 관한 위생을 말한다" 라고 정의하고 있다.

따라서 식품위생학이란, 식품의 섭취를 위해 생산 · 제조 · 가공 · 보존 · 유통 중에 발생하는 제반의 건강장애 요인을 제거하고, 국민의 건강 향상을 위한 수단과 기술이이라 말할 수 있다.

1-2. 식품의 위해 요인

식품으로 인해 인간의 건강을 위해할 요인으로는 내인성, 외인성 및 유기성으로 구분 할 수 있다.

1. 내인성

식품 원료에 함유된 유해 · 유독 성분으로서의 자연독, 식이성 알러르겐 등이 있다.

2. 외인성

식품의 원료에는 함유되어 있지 않으나 원재료의 생육, 생산, 제조, 유통 및 소비과정에서 외부로부터 부착 · 혼입 · 오염되는 물질들을 말한다. 생물적인 것과 인위적인 것으로 구분할 수 있다.

3. 유기성

식품의 원료를 조리, 제조, 가공, 조리 및 보존 중에 식품의 성분이 물리화학적 변화에 기인하여 발생하는 것을 말한다. 화학적 변화에 의해 생성되는 경우는 아민류와 아질산염이 산성조건하에서 반응하여 발암성의 니트로소아민이 생성되는 경우이고, 물리적 변화에 의해 생성되는 경우는 빛이나 열에 의한 유지의 산화과정에서 생성되는 유해 물질을 말한다.

표 1-1 식품의 위해 요소 분류

요인	원인 물질			종류
내인성	식품 고유 성분		자연독: 동물성 식물성 식이성 알러젠 변이원성 물질	복어독, 시구아테라독, 조개독 솔라닌, 버섯독, 시안배당체 히스타민, 아토피성피부염 고사리 소철
외인성	생물적		식중독균 곰팡이독 경구전염병 기생충	감염형, 독소형, 감염독소형 아플라톡신, 황변미독 이질, 콜레라, 장티푸스 회충, 십이지장충, 조충, 흡충
	인위적	의도적 첨가물	유해 식품첨가물 식품용기, 포장재료	감미료, 보존료, 색소 주석, 납, 구리, 아연 등
		비의도적 첨가물	잔류 농약 환경오염물질 방사성 물질 제조, 가공 중 혼입 항생물질 등 수질오염물질	유기염소제, 유기인제 수은, 카드뮴 핵분열 생성물(^{90}Sr, ^{137}Cs, ^{131}I) 비소, PCB, 주석, 납 등 니신, 티로신 등 트리할로메탄 등
유인성	물리적 생성물		변질 유지	과산화물, 휘발성 물질
	화학적 생성물		조리과정	탄수화물, 단백질, 아미노산 반응물
	생물적 생성물		생체 내 반응	니트로사민

1-3. 식중독 사고 발생 현황

식중독의 발생 양상은 기후와 지역적 특성 및 섭취하는 식품의 종류, 거주지에 따라 상이하게 나타난다. 최근 10년간 식중독 발생 현황을 살펴보면, 2007년에 발생 건 수 510건에 환자 수가 9,686건으로 가장 많았고, 이후에는 연도별 별로 점차 감소하거나 유지하는 경향을 보이고 있다.

2017년을 기준으로 월 별 식중독 발생 빈도는 8월에 발생건수와 환자수에도 가장 많은 식중독이 발생하였다.

월 별로는 발생건수의 61%이상이 하절기인 6월, 7월, 8월, 9월에 발생하는 것으로 나타났다. 지역적으로는 인구가 많은 대도시의 빈도가 높게 나타났다.

표 1-2 연도별 식중독 발생 현황(2007-2017)

연도	구분	합계
합계	발생건수	4,285
	환자수	112,659
2007	발생건수	510
	환자수	9,686
2008	발생건수	354
	환자수	7,487
2009	발생건수	228
	환자수	5,999
2010	발생건수	271
	환자수	7,218
2011	발생건수	249
	환자수	7,105
2012	발생건수	266
	환자수	6,058
2013	발생건수	235
	환자수	4,958
2014	발생건수	349
	환자수	7,466

2015	발생건수	330
	환자수	5,981
2016	발생건수	399
	환자수	7,162
2017	발생건수	348
	환자수	5,718

(자료출처: 식품의약품안전처, 식중독통계, 2017)

표 1-3 월별 식중독 발생현황(2017년도)

월	발생건수(건)	환자수(명)
합계	348	5,718
1월	20	118
2월	18	89
3월	16	146
4월	26	407
5월	40	605
6월	44	918
7월	46	429
8월	45	1,361
9월	34	816
10월	16	326
11월	21	240
12월	22	263

(자료출처: 식품의약품안전처, 식중독통계, 2017)

표 1-4 원인 물질별 식중독 발생 현황(2017)

원인물질	발생건수(건)	환자수(명)
병원성대장균	47	2129
살모넬라	20	645
장염비브리오균	0	0
캠필로박터제주니	6	101
황색포도상구균	0	0
클로스트리디움퍼프린젠스	0	0
바실러스세레우스	7	23
기타세균	0	0
노로바이러스	42	983
기타바이러스	1	48
원충	36	159
자연독	2	21
화학물질	0	0
불명	131	692
진행 중	41	507
합 계	348	5718

표 1-5 원인 시설별 식중독 발생현황(2017)

구분	학교	학교 외 집단급식	음식점	가정집	기타	불명	합계
발생건수	33	27	223	2	57	6	348
환자수	2330	510	1828	6	886	158	5718

표 1-6 지역별 식중독 발생 현황(2017)

지역	구분	합계
서울	발생건수	42
	환자수	854
부산	발생건수	15
	환자수	336
대구	발생건수	18
	환자수	91
인천	발생건수	28
	환자수	224
광주	발생건수	2
	환자수	28
대전	발생건수	6
	환자수	200
울산	발생건수	8
	환자수	71
세종	발생건수	4
	환자수	22
경기	발생건수	77
	환자수	1940
강원	발생건수	26
	환자수	271
충북	발생건수	10
	환자수	222
충남	발생건수	18
	환자수	166
전북	발생건수	13
	환자수	248
전남	발생건수	18
	환자수	163
경북	발생건수	16
	환자수	348
경남	발생건수	27
	환자수	220
제주	발생건수	19
	환자수	271
불명	발생건수	1
	환자수	43
합계	발생건수	348
	환자수	5718

(자료출처: 식품의약품안전처, 식중독통계, 2017)

식중독 발생 원인으로는 병원성대장균이 가장 높았고, 노로바이러스, 원인불명, 살모넬라 순으로 발생하였다.

월별 식중독 발생 양상은 바이러스성은 겨울과 봄, 여름에 걸쳐 발생하고, 세균성 식중독은 주로 날씨가 더운 여름에 많이 발생하는 것으로 나타났다.

표 1-7 원인물질별 월별 식중독 발생 현황(2017)

원인물질	구분	1월	2월	3월	4월	5월	6월	7월	8월	9월	10월	11월	12월	합계
병원성대장균	발생건수	1	0	1	3	4	10	6	13	5	3	1	0	47
	환자수	4	0	3	46	135	721	80	836	205	89	10	0	2129
살모넬라	발생건수	0	0	0	0	3	2	4	4	3	3	1	0	20
	환자수	0	0	0	0	140	23	83	110	112	146	31	0	645
캠필로박터 제주니	발생건수	0	1	1	0	1	0	3	0	0	0	0	0	6
	환자수	0	3	3	0	18	0	77	0	0	0	0	0	101
바실러스 세레우스	발생건수	0	1	0	0	2	1	1	1	1	0	0	0	7
	환자수	0	4	0	0	6	3	2	4	4	0	0	0	23
노로 바이러스	발생건수	9	3	1	6	8	4	0	6	2	0	2	1	42
	환자수	77	9	48	217	188	41	0	198	157	0	43	5	983
기타 바이러스	발생건수	0	0	1	0	0	0	0	0	0	0	0	0	1
	환자수	0	0	48	0	0	0	0	0	0	0	0	0	48
원충	발생건수	2	1	4	5	3	3	7	4	3	2	2	0	36
	환자수	10	5	15	31	13	13	23	13	13	10	13	0	159
자연독	발생건수	0	0	0	0	0	0	0	0	2	0	0	0	2
	환자수	0	0	0	0	0	0	0	0	21	0	0	0	21
불명	발생건수	8	11	7	11	17	24	20	13	11	7	2	0	131
	환자수	27	58	24	109	78	117	97	66	39	65	12	0	692
진행중	발생건수	0	0	0	0	0	0	0	0	6	1	13	21	41
	환자수	0	0	0	0	0	0	0	0	102	16	131	258	507
합계	발생건수	20	17	15	25	38	44	41	41	33	16	21	22	333
	환자수	118	79	141	403	578	918	362	1227	653	326	240	263	5308

1-4. 식중독 예방 관리

자료에서 우리나라의 식중독 발생 사례는 2007년을 기준으로 감소되고 있으며, 위생관리시스템이 비교적 잘 가동되고 있다. 식품위생법에 의하면 식중독 의심환자 발생 시설운영자, 이용자. 의사 · 한의사는 즉시 관할 보건소에 발생신고 하고, 발생보고는 시 · 군 · 구는 시 · 도 및 식약처에 보고한다.

1-5. 식품의 안전성 평가

식품은 인간이 매일 섭취하는 것으로 안전성이 영양성에 앞서 중요하다. 이러한 식품의 안전성 평가는 인간에게 끼치는 유해도에 따라 양적 관계를 정립하여 식품성분의 독성도의 크기에 대한 정보를 제공한다. 독성시험은 급성독성, 아급성독성, 만성 독성 시험으로 구분된다. 식품첨가물, 의약품 및 농약과 같은 화학물질의 안전성 평가에 중요한 시험법이다.

1. 급성 독성 시험(acute toxicity)

식품이나 의약품에 새로운 물질의 독성을 검색할 때 사용되는 시험법이다. 시험 동물에 저농도에서 고농도까지 실험동물에게 1회 투여한 다음, 50%가 사망하는 것으로 추정되는 시험물질의 1회 투여량 LD_{50}(50%

lethal dose)을 말한다. 보통 흰쥐를 주로 사용하며, 단계적으로 용량을 달리하여 10마리정도 투여하고 1주 내지 2주일 정도 관찰한다. 표시는 체중 1 kg당 mg수로 표시된다.

급성 독성의 대·소의 기준은 표 1-8과 같고, 주요 식품첨가물의 LD_{50}은 표 1-9와 같다.

표 1-8 급성 독성의 기준

LD50(흰쥐, 경구, mg/kg)	독성의 정도	사람에 대한 추정 치사량(g)
1 이하	극대	0.05
1~50	대	1~5
50~500	중	20~30
500~5,000	소	200~300
5,000~15,000	극소	500
15,000 이상	거의 무독	500 이상

표 1-9 주요 식품첨가물과 독성물질의 LD_{50}

식품첨가물	LD50(g/kg)
Botulinus toxin	0.00000001(10-8)
Dioxin(TCDD)	0.000001(10-6)
Teterodotoxin	0.0001(10-4)
Nicotine	0.001(10-3)
아질산 나트륨	0.22(생쥐, 경구)
안식향산	2.0(토끼, 경구)
소금(Sodium chloride)	4.0
알콜(Ethyl alcohol)	10

2. 아급성 독성 시험(subacute toxicity)

급성 독성이 확인된 시험물질에 대하여 아급성 독성 시험을 수행한다. 시험동물의 수명의 1/10 정도(흰쥐, 1~3개월) 기간 동안 연속 경구 투여한 후, 여러 가지 시험을 실시하여 만성 독성 시험의 투여량을 결정하기 위한 예비시험으로 실시되는 경우가 많다.

3. 만성 독성 시험(chronic toxicity)

시험물질을 오랜 기간에 걸쳐 경구 투여 하였을 때 나타나는 독성을 파악하기 위한 실험이다. 시험 기간은 6개월이나, 1~2년 기간인 것이 많다. 시험동물로는 두 종 이상을 사용하는데 그 한 종은 흰쥐나 생쥐이고 다른 한 종은 설치류 동물이 아닌 개 또는 원숭이가 되는 것이 보통이다. 흰쥐나 생쥐인 경우에는 각 투여군마다 암 · 수 각각 25마리 또는 그 이상을 사용하며 기본 사료에 여러 농도별로 동물의 이유직후부터 1-2년 동안 사육한다. 개나 원숭이인 경우에는 각 투여량마다 암 · 수 각각 4~5마리를 사용하여 그 수명의 10분의 1에 해당하는 1~2년간 사육한다. 시험이 끝난 후에는 동물을 해부하여 각 장기의 형태적 변화, 병리조직학적인 검사 등을 통하여 중독성 병변의 종류와 정도를 판정한다.

4. 특수 독성 시험

1) 발암성 시험

시험동물의 거의 전 생애에 걸쳐서 시험물질을 투여하여 발암성의 유무를 알아보는 시험이다.

2) 변이원성 시험

발암성 물질은 대부분 변이원성을 갖는 까닭에 이를 조사하여 발암성 물질의 변이원성 가능성을 비교적 간단하게 알 수 있다. *Salmonella*, 대장균, 고초균 등의 세균을 이용한 복귀변이시험이나 수복시험, 포유류의 배양세포를 이용한 염색체 이상시험 등이 있는데 대표적인 것으로는 Ames법이 있다.

3) 최기형성 시험

임신한 동물에 시험물질을 투여하여 태중에 있는 새끼에 대한 형태적인 영향을 조사하는 시험이다.

4) 번식 시험

시험물질이 생식선 기능, 수태, 포육(哺育), 이유(離乳) 및 출생 후의 어린 새끼의 생육에 미치는 영향을 알아보는 시험이다.

5) 안전성의 평가

(1) 최대 무작용량(MNEL, maximum no effect level)

최대 무작용량은 동물에게 아무런 영향을 주지 않는 투여의 최대량이다. 동물 체중 1kg 당의 mg수로 표시한다.

(2) 1일 섭취 허용량(ADI, acceptable daily intake)

사람이 일생에 걸쳐 매일 섭취하여도 아무런 장애가 일어나지 않는 한도량으로 1일 체중 1kg당의 mg수로 표시한다. 이것은 동물의 최대무작용량에 안전계수 1/100을 곱하여 얻는다. 안전계수 1/100은 동물과 사람 사이의 화학물질에 대한 감수성의 차이 계수로서 1/10, 건강인과 병자, 고령자와 어린이, 남녀 등 개인차의 계수로서 1/10을 곱한 값이다.

$$\text{ADI} = \text{최대무작용량} \times 1/100 \times \text{체중}$$

제 1장 ☘ 연 습 문 제 ☘

1. 우리나라 식품위생법상 위생의 대상이 아닌 것은

① 식품첨가물

② 의약품

③ 기구

④ 포장

⑤ 용기

2. 시험 동물에 저농도에서 고농도까지 실험동물에게 1회 투여한 다음, 50%가 사망하는 것으로 추정되는 시험물질의 1회 투여량 LD50(50% lethal dose)을 구하는 독성 시험법은?

① 급성독성시험

② 아급성독성시험

③ 만성독성시험

④ 최기형성시험

⑤ 변이원성시험

3. 경구투여에 의한 반수치사량(LD_{50})에 대한 설명으로 옳은 것은 ?

① LD50값이 작을수록 독성이 강하다.

② 시험동물의 체중 1 kg당의 g으로 나타낸다.

③ 경구투여에 의한 LD50값이 30 g/kg 이하이면 독약이다.

④ 경구투여에 의한 LD50 값이 30 ~ 300 g/kg이면 극약이다.

⑤ 경구투여에 의한 LD50값이 300 g/kg 이상이면 보통약이다.

4. 식품으로 인해 생기는 건강장애의 원인물질 중 유기성인 것은 ?

① 식품에 함유된 농약

② 지나치게 구운 생선

③ 오색콩에 함유된 시안배당체

④ 푸른 곰팡이에 오염된 쌀

⑤ saxitoxin이 함유된 홍합

5. 독성시험방법은 여러 가지가 있으나 적어도 2종류의 동물로 최대무작용량을 구하여야 하 며, 개나 원숭이는 1년 이상 사육하여야 하는 시험방법은 ?

① 급성 독성시험

② 아급성 독성시험

③ 경피 및 점안시험

④ 경구만성 독성시험

⑤ 경구아만성 독성시험 · 경구만성

6. 식품첨가물의 안전성을 평가하는 데 있어서 사람의 1일 섭취 허용량(ADI)을 구하는 방법은?

① 사람의 최대무작용량에 안전계수 1/10을 곱하여 구한다.

② 동물의 최대무작용량에 안전계수 1/10을 곱하여 구한다.

③ 동물의 최대무작용량에 안전계수 1/100을 곱하여 구한다.

④ 동물의 최대무작용량에 안전계수 1/100을 곱하고 여기에 평균체중 [kg]을 곱한다.

⑤ 사람의 최대무작용량에 안전계수 1/100을 곱하고 여기에 평균체중 [kg]을 곱한다.

7. 최근 우리나라 식중독 발생현황에 대한 설명 중 옳은 것은 ?

가. 바이러스성 식중독은 겨울철에 많이 발생한다.
나. 식중독 환자의 수는 7, 8월에 많이 발생한다.
다. 식중독은 음식점과 학교의 집단급식소에서 많이 발생한다.
라. 병원성대장균이나 노로바이러스에 의한 식중독이 과거에 비해 증가하고 있다.

① 가, 나

② 가, 나, 다

③ 가, 다

④ 가, 다, 라

⑤ 가, 나, 다, 라

8. 사람이 평생 동안 매일 섭취하여도 아무런 장해가 일어나지 않는 최대량으로 1일 체중 kg당 mg수로 표시 하는 것은?

① 최대무작용량(NOEL)

② 1일 섭취 허용량(ADI)

③ 50% 치사량(LD_{50})

④ 50% 유효량(ED_{50})

9. 다음 중 내인성 위해 식품은?

① 지나치게 구운 생선

② 푸른곰팡이에 오염된 쌀

③ 싹이 튼 감자

④ 농약을 많이 뿌린 채소

01-②, 02-①, 03-①, 04-②, 05-④, 06-④, 07-⑤, 08-②, 09-③

제 2장

식품과 미생물

식품위생학

2-1. 미생물의 종류 및 특성

미생물(微生物, microorganism)은 글자 그대로 미소한 생명체를 말하며, 일반적으로 0.1mm 이하로 인간의 육안으로 관찰 할 수 없다. 사람에게 미치는 영향에 따라 유용 미생물과 유해 미생물로 구분할 수 있다. 유용 미생물은 장류, 김치, 치즈, 주류, 요구르트 등 발효식품에서 중요한 역할을 하고, 유해 미생물은 식품에 오염되어 식중독을 일으키거나 부패에 관여하여 해로움을 끼친다. 미생물에는 세균, 효모, 곰팡이, 바이러스, 원생동물, 조류 등이 있다. 이들 중에서 식품의 발효나 부패와 밀접한 것은 세균, 효모, 곰팡이 및 바이러스 이다.

1. 세균

세균은 원시적인 핵을 가지고 있어 원핵세포라 부르며, 분열에 의해 증식하는 분열균류이다. 단세포 생물로서 동물, 식물, 토양, 물, 공기, 인체 등 자연계에 널리 존재한다. 특히 세균은 인체의 피부, 입, 코, 위, 소장, 대장 등에 상재하고 있어 이들이 언제라도 식품에 이행되면 오염원으로 작용할 수 있다.

1) 세균의 형태

세균은 형태에 따라 구균(球菌, coccus), 간균(桿菌, bacillus), 나선균(螺旋菌, spilrillum) 등으로 구분한다. 세균은 배열 형태에 따라 단구균(monococcus), 쌍구균(diplococcus), 4연구균(tetracoccus), 8연구

균(sarcina), 연쇄상구균(streptococcus), 포도상구균(staphylococcus)로 나뉜다. 간균은 길이에 따라 길이가 폭의 2배 이상이면 장간균, 그 이하이면 단간균이라고 한다. 나선균은 나선형의 꼬임이 있는 균으로 콤마(comma)형, S 자형인 spirillum과 여러번 구부러진 spirochete형이 있다.

2) 세균의 증식조건

식품과 관계가 깊은 세균의 증식조건은 인간의 생활환경과 유사한 특징을 갖고 있다.

즉, 식중독과 관련성이 높은 세균은 인간의 체온, 체액 및 주거환경과 유사한 생육환경을 갖는다. 식중독과 관령성이 높은 세균들이 생육하기에 좋은 조건들은 식품(food), 산도(acidity), 온도(temperature), 시간(time), 산소(oxygen), 수분(moisture)이 있으며, 이들을 FAT TOM 이라고 약칭하여 부른다.

(1) 식품의 종류

일반적인 식품은 유기물질인 탄수화물, 지방, 단백질, 무기질 및 비타민을 함유하고 있다. 이러한 것들은 미생물의 성장과 생육에 반드시 필요한 성분으로 미생물에 의해 이용될 가능성이 높은 식품이다. 즉 미생물이 이용하여 부패 또는 발효의 상태로 전환되기가 용이하다. 최근 단체급식에서 잠재적 위해식품(PHF, Potentially Hazardous Food)에 해당하는 식단은 데친 나물류, 샐러드, 해조류, 닭튀김 등에서 많이 나타나는 것으로 조사되었다. 이들은 수분이 높고 단백질 함량이 높은 식품들이다.

표 2-1 세균의 종류

종류	형태	비고	
구균	단구균		
	쌍구균		
	사련구균	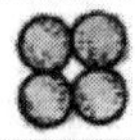	
	연쇄상구균	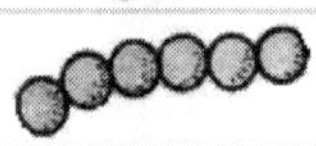	연쇄구균
	포도상구균	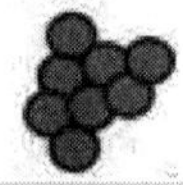	포도상구균
간균	단간균		대장균
	장간균		락토바실러스
나선균	나선형		스피로헤타
	코마형	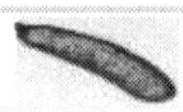	비브리오균

(2) 산도

대부분의 세균은 중성 또는 약알칼리성 pH 영역에서 증식을 잘하고, pH 4.0이하에서는 증식을 잘하지 못한다. 부패하기 쉬운 식품의 일반적인 pH는 5 ~ 7 정도이다. 과일류나 김치류 등은 식품의 산도가 낮거나 발효에 의해 pH가 낮아지기 때문에 미생물의 증식이 억제되어 위생상 안전한 식품이다.

(3) 시간

식품에 함유된 세균의 증식은 시간이 지남에 따라 대수적으로 증가한다. 1개에서 2개로 증식하는 시간(세대)은 비브리오균은 11분, 대장균은 20분 정도이다. 식품 오염과 밀접한 관계가 있는 대장균이 최초에

10,000개가 있었다면 5시간후의 균수는 약 2,500,000개가 된다. 세균 오염의 가능성이 높은 식품은 위험영역(4.5 ~ 60℃)에서는 빠른 속도로 증식하기 때문에 가능한 노출시간을 단축해야 한다.

(4) 온도

미생물의 생육을 위한 온도 범위는 매우 넓다. 식중독과 병원성을 유발하는 대부분의 세균은 온혈동물의 체온과 유사한 37℃ 내외에서 증식을 잘한다. 미생물의 증식이 가능한 온도 범위는 -10℃에서 70℃ 정도이며 온도 조건에 따라 저온균, 중온균 및 고온균으로 구분한다. 저온균은 0 ~ 25℃의 온도 범위에서 증식을 하며, 대부분은 수중에 서식하는 수중 미생물균으로 어류 부패균이 포함된다. 중온균은 20 ~ 45℃의 범위에서 잘 증식하며, 37℃에서 가장 잘 증식을 한다. 고온균은 40 ~ 70℃ 범위에서 잘 증식을 하며 퇴비 생산과 유황세균 등이 있다. 이와 같이 미생물은 냉장온도에서부터 고온에 이르기까지 증식온도 범위가 넓기에 식품을 보존하거나 유통 시에 주의가 필요하다.

(5) 산소

호흡을 하는 생명체는 산소를 필요로 한다. 미생물은 산소의 이용성에 따라 호기성과 혐기성으로 나뉜다. 산소가 반드시 필요한 절대호기성균, 일반적인 상태의 산소를 요구하는 호기성균, 산소를 2 ~ 10%정도로 요구하는 미호기성균, 산소가 있거나 없어도 생존 가능한 통성혐기성(또는 통성호기성)균, 산소가 없어야만 생존하는 미생물은 절대혐기성균이라 부른다. 일반적으로 병원균과 식중독균은 호기성균이나, 일부는 산소를 싫어하는 균도 존재한다. 이러한 특성을 이용하여 식중독발생을 억제하거나 조절하는 데 이용한다.

(6) 수분

미생물은 수분이 없는 상태에서는 생육하지 못한다. 식품 중에서 미생물이 이용하는 물은 식품이 함유한 전 수분 함량이 아니고, 식품의 성분과 결합하지 않고 있는 자유수이다. 따라서 식품 중의 수분은 미생물이 이용가능한 물의 함량이 중요한데, 이것은 절대수분 함량보다는 수분활성(water activity, activity of water, Aw)로 표현하는 것이 적절하다. 세균은 효모나 곰팡이보다 높은 수분활성을 요구한다. 식중독이나 병원성과 관련된 세균은 0.95 ~ 0.99에서 잘 증식하고, 세균은 증식을 위해 0.9 이상을 요구한다. 수분 함량이 높은 식품인 우유, 고기, 생선, 야채 등은 0.97 ~ 0.99의 수분활성을 나타낸다. 식품을 보관 및 저장 중에 미생물에 의한 변패를 예방하기 위해 수분활성을 낮추어 주는 방법으로는 용질(식염, 설탕)의 첨가, 물을 제거(건조), 동결 등이 있다.

2. 곰팡이

곰팡이는 분류학상 진균류에 속하여 진핵세포를 가지고, 포자가 발아하여 실모양의 균사를 가지므로 사상균이라고도 불리운다. 균사는 관공상의 모양으로 관 내부에 다핵의 세포질이 들어있다. 균사의 선단부가 증식하여 분지하고 균사체를 이루며, 그 끝에 포자를 착생하는 것을 자실체하 하고, 이들 전체를 균총이라 한다. 곰팡이에서 균사체는 영양기관이고 번식기관은 자실체 이다. 곰팡이는 주로 자실체에서 만들어진 무성포자에 의해 번식한다. 곰팡이도 식품의 변패에 영향을 미치며, 일부에 있어서는 독소를 분비하여 식중독 증상을 야기한다. 곰팡이의 생육은 건조하거나 수분이 많거나, 산도가 높거나 낮거나, 어떠한 조건에서도 잘 증식할 수 있다.

3. 효모

효모는 진핵세포를 갖는 고등미생물로서 단세포 생물이다. 모양은 구형, 타원형, 막대모양을 하고 있으며, 대표적인 번식방법은 출아(bud)에 의해 한다. 식품 중 과일쥬스, 잼, 육류 등의 부패를 일으키고, 주류 양조, 제빵 발효에 중요한 역할을 한다. 제빵발효에서는 밀가루 전분에 작용하여 당을 분해시켜 발생된 이산화탄소는 빵을 부풀게 하고, 향미성분을 생성시켜 풍미를 제공한다.

4. 바이러스

바이러스는 미생물, 동물, 식물의 세포에 기생하며, 이들 중 세균에 기생하는 바이러스를 bacteriophage 또는 phage(파지)라고 부른다. 식품위생과 관련하여서는 식중독과 관련성이 높으며, 발효산업에서는 바이러스의 감염에 의한 항생물질, 핵산발효 등에 큰 영향을 미친다.

5. 원생동물

원생동물은 단세포 생물체로서 운동성이 있다. 주로 연못, 강, 바다 및 토양 속의 물에서 살고 있다. 대표적으로는 아메바와 짚신벌레가 있으며, 대부분은 비병원성이나 일부 원생동물들은 사람에 기생하며 질병을 일으킨다. 원생동물에 의해 유발되는 질병으로는 말라리아(모기매개), 아메바증, 톡소플라즈마증, 아메바성 이질 등이 있다.

2-2. 미생물에 의한 식품의 오염

1. 미생물의 오염원

미생물에 의한 식품의 오염은 식품의 원재료가 생육 및 생산되는 과정에서 발생하는 1차오염과 조리·가공·처리 과정 중에 발생하는 2차 오염이 있다. 1차 오염의 경우는 주로 재배 환경의 조건으로부터 발생하는 것으로 식품위생과 관련하여서는 온혈동물의 분변 오염이 위험 요인이다. 2차 오염은 2차 가공의 청결과 위생이 오염 여부를 좌우한다. 식품의 오염원으로는 토양, 해수, 담수, 분변, 공기 및 조리·가공 단계에서의 오염원을 알아 볼 필요가 있다.

1) 토양 미생물

토양에는 영양원 존재 정도에 따라서 토양 1g에 수십만부터 수십억까지의 많은 종류와 개수의 미생물이 존재한다. 토양 미생물의 90%는 세균이 차지하고 있으며, 대부분은 호기성 미생물이고 혐기성세균, 방선균 및 진균류가 존재한다. 이들은 토양에 산재하고 있는 유기성 물질을 분해시켜 생물체의 영양원이 되는 순기능을 하기도 한다. 토양은 특유의 흙 냄새를 내는데 방선균 의해 나타나는 것으로 알려졌다. 이러한 토양 미생물은 곡물, 채소 및 가축 등을 생산 하는 데 오염원으로 작용하기도 한다. 또한 바람에 의한 비산으로 공기 중에 부유 미생물로 존재하기도 한다.

2) 담수 세균

담수가 있는 강, 하천, 저수지, 늪, 연못 등에는 1ml당 수만에서 수백만개의 미생물이 존재한다. 주로 토양, 가정의 오수, 분변 등으로부터 유래되기에 식품오염과 관계가 깊은 균들의 존재가 많다. 하천이나 강물로 식품 재료를 세척하거나 식수로 사용하는 경우 병원성 균에 의한 감염병 및 식중독의 발생 가능성이 높다. 수생미생물로는 *Pseudomonas* 속, *Flavobacterium* 속, *Achromobacterium* 속 등이 있으며, 이들은 저온성 부패미생물들이다.

3) 해수 세균

해수의 세균들은 식염농도가 1-3% 정도에서 잘 증식하는 균들이다. 해수에는 연안이나 표층부에 많이 존재하며, 대부분은 육지의 토양오염물, 생활하수, 공장폐수 등이 하천이나 강을 통하여 유입되는 경로를 갖는다. 대표적인 해수 세균은 *Vibrio* 균이 있다.

4) 분변 세균

최근에는 분뇨처리기술의 도입과 농산물 재배 시 분변의 사용율이 낮아짐에 따라 분변에 의한 식품의 오염이 감소되고 있는 추세이다. 가축들에서 얻어진 분변의 거름 사용이나 야생동물에 의한 분변의 토양오염에 의해 식재료와 식수의 오염이 되고 있다. 특히 비가 많이 내리는 여름철에 가축 사육장의 오물과 폐기에 의한 야채의 오염과 식수원의 오염이 문제가 된다. 분변 균으로는 *Escherichia* 속, *Enterococcus* 속, *Salmonella* 속 등의 식중독 및 감염병의 원인이 되고 있다.

5) 공중 낙하균

공기 중에는 토양이나 물처럼 일정하게 서식하는 균은 없으며, 대부분은 토양이 바람에 날리면서 부유하고 있는 미생물들이다. 최근에서 대기의 오염에 의한 미세먼지의 농도가 높아지면서 공중 낙하균에 의한 식중독과 감염병 예방의 필요가 크다. 공기 중에 부유하는 미생물에는 식중독균, 인플루엔자, 폐렴, 결핵, 디프테리아 등을 일으키는 미생물이 있다.

2-2. 식품의 조리 · 가공 처리과정에의 오염

생산된 식재료는 1차적으로 토양이나 물에서 오염원에 접촉하게 되고, 수확 후 가공 처리하는 과정에서 2차적 오염원에 노출될 수 있다. 대부분 식품 재료는 저장하는 동안 세균의 2차적인 오염을 받을 수 가 있다. 조리 식품은 조리과정과 먹기 전까지 보관 중에 2차오염에 의한 피해가 발생할 수 있다. 수분과 단백질 함량이 높은 식품군을 세균에 의해 부패하기 쉬운 잠재위험식품(PHF: potential hazardous food)으로 분류하고 있다. 특히 가공이나 조리가 완성된 식품에 대한 교차오염(cross-contamination)의 발생을 주의해야 한다.

교차오염

- 의미: 식재료나 기구, 용수 등에 오염되어 있던 미생물이 오염되지 않은 식재료나 기구, 용수 등에 접촉 혹은 혼입되면서 전이되는 현상
- 대표적인 예

1) 식재료의 접촉: 익히거나 조리된 식재료와 날 것 혹은 조리되지 않은 식재료 간의 접촉
2) 기구의 오염: 세척되지 않거나 녹슨 칼을 사용한다거나, 생식품에 접촉된 칼, 도마를 사용
3) 조리자 비위생: 조리 · 가공 시 손을 씻지 않거나 대충하는 경우

2-3. 식품의 오염지표균

식품은 재료의 생산과정이나 조리 · 가공 중에 얼마나 위생적으로 처리되었는지가 중요하다. 과정 중에 비 위생적으로 처리가 되었다면 인축의 분변과 접촉하여 식중독 및 병원균에 오염될 가능성이 크다. 즉 위생적으로 처리가 되었는지 알아보기 위해서는 음식물 중에 존재하는 병원성 및 식중독을 야기하는 미생물의 존재 유무가 중요한 지표이다. 그러나 모든 미생물을 대상으로 할 수 가 없으므로 분변 오염에서 대표적으로 나타나는 대장균군을 오염지표균으로 이용되어 왔다. 최근에는 대장균군이 가열이나 동결상태에 저항력이 약하기 때문에 장구균을 대안으로 제시하고 있다.

1. 대장균군

식품이나 음식물에 존재하는 감염병과 식중독을 야기하는 세균을 모두 검출하기는 매우 어렵다. 따라서 온혈동물의 분변에 존재하는 대장균군을 식중독 오염의 지표로 한다. 이 균이 검출된다고 하여 반드시 병원균이 있다는 것을 의미하지 않으며, 인축의 분변에서 나타는 균이 존재한다면 식품은 병원균의 오염 가능성이 높음을 의미한다. 따라서 대장균군이 검출되는 식품은 직 · 간접적으로 분변 등에 접촉되어 비위생적으로 처리된 것을 의미한다.

대장균군에는 *Escherichia* 속, *Enterobacter* 속, *Klebsiella* 속, *Citrobacter* 속 등이 있다. 모두 그람음성 간균이고 무포자이다. 대장균

군은 유당을 분해하여 산과 가스를 발생하는 호기성 또는 통성혐기성 균이다.

2. 대장균

대장균(*Escherichia coli*)은 대장균군 중에서 가장 대표적인 세균이다. 이들의 주된 서식지가 온혈동물의 분변이지만 토양이나 물에서도 발견된다. 대장균군 중에는 분변 뿐만 아니라 토양 및 식물들에서도 발견되고 있으나, 대장균은 주된 서식지가 인축의 분변이므로 분변오염의 지표미생물로 인정되고 있다.

식품에 함유된 대장균 검사는 정성시험법과 정량시험법이 있다. 정성시험은 대장균의 존재 유무를 판단하는 것이고, 정량시험은 대장균의 개수를 직접 측정하는 시험이다. 정성시험은 3단계로 시험된다. 1단계 추정시험에 LB 배지, 2단계 확정시험에 BGLB 또는 EMB 배지, 3단계 완전시험에 LB 배지 또는 표준 한천배지를 사용한다. 정량시험인 완전시험은 최확수법(MPN: most provable number)이 있다.

3. 장구균

장구균은 온혈동물의 장관 내에 상재하는 세균으로 그람양성 구균으로 혈청학적 분류법은 D그룹에 속한다. 종류는 *Enterococcus faecalis*와 *Enterococcus faecium*이다. *Enterococcus faecalis*과 *Enterococcus faecium*은 사람의 분변에 다른 균종 보다 많이 존재하며, *Enterococcus faecium*의 변종인 *Enterococcus durans*는 사람과 동물의 분변에서도 검출된다.

장구균은 대장균과 같이 온혈동물의 분변에서 존재하기 때문에 식품 위생의 분변오염지표 미생물로 이용된다. 분변에서 발견되는 개수는 대장균보다는 적지만 모든 동물의 온혈동물 장관에서 발견되는 균으로 중요하다. 냉동이나 가열에 대한 저항성이 대장균보다 크기 때문에 오염지표균으로 대장균군의 대안으로 활용되고 있다. 특히, 대장균은 가열 또는 동결에 대해 오래 생존하므로 냉동식품의 오염지표로 이용된다. 오염 지표 세균으로서 대장균군과 장구균의 비교는 표 2-1과 같다.

표 2-2 오염지표균으로 대장균군과 장구균의 비표

특 성	대장균군	장구균
형태	간균	구균
그람 염색성	그람음성	그람양성
장관 내 균수	10^7~10^9/g	10^7~10^8/g
다른 동물에서 검출 상황	동물에 따라 불검출	대부분 검출
장간 외에서 검출율	보통 낮다	보통 높다
외계에서의 검출율	약하다	강하다
분리, 동정	쉽다	보통 곤란하다
동결 저항성	약하다	강하다
건조에 대한 생존성	낮다	높다
냉동에 대한 생존성	낮다	높다

2-4. 소독과 살균

소독(disinfection)의 개념은 미생물의 병원성을 약화시키거나 사멸시키는 것을 말한다. 살균(sterilization)은 대상 미생물을 사멸시켜 완전히 제거하는 것을 의미한다. 방부(antiseptic)는 식품에 존재하는 미생물의 생육의 억제시켜 더 이상 증가하지 못하게 하여 발효나 부패가 진행되지 않도록 하는 것을 말한다.

소독은 미생물에 의한 오염을 방지하기 위해 실험실, 수술실, 식품 생산 현장 등에서 실시하는 조작을 말하며, 병원성균은 사멸시키지만 비병원성균은 일부 살아있을 가능성도 있다. 주로 화학약품제, 자비살균, 저온살균 방법이 있다. 멸균은 세균, 아포 등 모든 미생물을 살균시키거나 제거시키는 것으로 물리적 및 화학적인 방법이 있다.

1. 물리적 살균소독

1) 화염멸균법

멸균 도구는 가스버너 또는 알코올램프의 화염 중에서 직접 접촉하여 살균하는 방법이다. 유리기구나 금속 도구를 멸균할 때 사용하며 백금선, 백금이, 핀셋 등의 실험 기구를 멸균한다.

2) 건열멸균법

건열멸균기(dry oven)에 멸균 대상을 넣은 후, 밀폐시키고 160~170℃에서 1-2시간 유지시켜 멸균한다. 주로 유기기구, 금속기구, 도자기 등을 멸균한다.

3) 열탕(자비)소독법

자비(100℃의 끓는 물)에 의해 살균하는 방법이다. 영양세포는 수초~수분에서 사멸되나, 아포(spore)는 저항성이 강하므로 15분이상 자비한다. 자비 시에 탄산나트륨을 1%정도 가하면 소독효과가 커진다. 주로 가위, 핀셋, 메스 및 주사기 등의 기구의 살균에 사용한다.

4) 간헐살균법

자비 또는 증기 솥(100℃)에서 하루에 한 번씩 30분간 3일 동안 연속으로 3회 반복 살균한다. 이렇게 연속하는 살균방법을 간헐살균법이라고 하며, 주로 포자 멸균을 위해 사용한다. 포자를 열에 저항성이 약한 발아시킨 다음 살균시키는 방법이다.

5) 저온살균법

저온살균법(pasteurization)은 열에 분해가 쉽거나 휘발이 되는 액체식품을 60℃ 정도에서 30분 또는 75℃에서 15분 동안 가열해서 세균을 사멸시키는 소독법이다. 주로 우유나 주류의 부패 방지에 이용된다.

6) 고압증기멸균법

고압증기멸균기(autoclave)을 이용하여 고온, 고압, 증기에서 살균하는 방법인데, 인치평방당 15파운드(lb/inch^2)의 증기압은 121℃가 된다. 멸균시간은 실험실 내의 소량인 경우는 15분이 표준이고, 내용물이나 양 및 멸균기의 용량에 따라 상이하다. 멸균기 용량이 크거나 내용물이 많거나 밀도가 높으면 시간을 연장하여 멸균할 필요가 있다.

7) 여과멸균법

여과기를 이용하여 여과지보다 입자가 큰 미생물을 걸러서 제거하는 방법이다. 가열에 의해 파괴되기 쉬운 동물세포용 배지나 혈청 요소 등을 살균할 때 사용한다. 음료수나 맥주 등의 음료제품을 멸균하는데 사용된다.

8) 일광 소독법

직사광선 중에 자외선의 살균력을 이용하여 것으로 주로 2600Å 부근의 파장이 효과가 크다. 병원성 균인 대장균, 장티푸스균, 결핵균 등의 제거에 효과적이나 일광은 내부 깊숙한 곳은 효과가 작고 표면에만 효과가 있다.

9) 자외선 조사 멸균법

가장 살균력이 강한 260nm(2600Å)의 자외선 파장을 발생시키는 자외선등을 이용한다. 주로 미생물 실험실내의 무균실, 수술실, 약품제조실, 식품제조 공장 내 등 공준 낙하균이나 표면의 미생물 제거를 위해 사용한다. 자외선이 직접 눈이나 피부에 닿지 않도록 실제 작업 시에는 자외선 등을 꺼야 한다.

10) 방사선 조사 살균법

방사선 조사 살균은 가열이나 화학 처리에 의한 식품의 외관을 손상시키지 않고 원래의 상태를 유지하고 위생적 품질을 유지하고자 할 때 사용한다. 온도를 높이지 않고 살균한다고 하여 냉살균(cold sterilization)이라 부른다. 세계적으로 이용되는 방사선은 Co^{60} 또는 Cs^{137})의 감마선과 5 MeV 이하의 X선 등이다. 우리나라에서는 "전리방사선을 사용하며 식품을 처리하는 기술을 식품조사라 하고 방사선을 조사한 식품을 조사식품이라고 한다. 식품의 처리에 이용되는 전리방사선은 코발트 60Co 및 세슘 137Ce의 감마선, 에너지가 10MeV 이하의 전자선, 에너지가 5MeV 이하의 X선에 한정되고 있다" 라고 표현하고 있다. 식품조사효과는 주로 발아억제, 성숙지연, 살충, 살균의 4개 이용법이 있다. 이 중 살균은 대개의 식품 부패균은 5kGy 이하의 선량 조사에 의해 사멸하고 살모넬라, *Campylobacter* 등 식품 중의 무포자 비생성식 중독균은 1~7kGy의 선량으로 살균할 수 있다.

우리나라에서 식품의 방사선 조사 기준은 다음과 같다.

(1) 사용방사선의 선원 및 선종은 60Co의 감마선으로 한다.

(2) 식품의 발아억제, 살충, 살균 및 숙도조절의 목적에 한하여, 식품에 방사선을 조사할 경우 다음의 기준에 적합하여야 한다.

① 허용대상 식품별 흡수선량 :

i) 감자, 양파, 마늘: 0.15kGy 이하

ii) 밤: 0.25kGy 이하

iii) 생버섯: 1kGy 이하

iv) 건조 버섯: 1kGy 이하

v) 건조향신료 및 이들 조제품: 1kGy 이하

vi) 가공식품 제조원료용 건조식육 및 어패류분말: 7kGy 이하

vii) 된장분말, 고추장 분발, 간장분말: 7kGy 이하

viii) 조미식품 제조원료용 전분: 5kGy 이하

ix) 가공식품 제조원료용 건조채소류: 7kGy 이하

x) 효모 · 효소식품: 7KGy 이하

xi) 알로에분말: 7kGy 이하

xii) 인삼(홍삼포함)제품류: 7kGy 이하

xiii) 2차 살균이 필요한 환자식: 10kGy 이하

(3) 일단 조사한 식품을 다시 조사하여서는 아니 되며 조사식품을 원료로 사용하여 제조 가공한 식품도 다시 조사하여서는 아니 된다.

(4) 조사식품은 용기에 넣거나 또는 포장한 후 판매하여야 한다.

(5) 조사도안 : 조사처리된 식품에는 다음과 같은 도안을 제품 포장 또는 용기에 직경 5cm 이상의 크기로 표시하여야 한다. → 방사선 → 방사선살균

2. 화학적 멸균소독법

화학적 약품을 이용하며 살균이나 소독의 위한 목적으로 사용하는 것을 말한다.

[소독제의 구비 조건]

① 석탄산 계수(phenol coefficient)가 높을 것
② 안전성(safety)이 높을 것
③ 용해성(solubility)이 높을 것
④ 부식성과 표백성이 없을 것
⑤ 침투력이 강할 것
⑥ 가격이 저렴하고 사용이 쉬울 것
⑦ 냄새가 적을 것

[소독제의 작용 기작]

① 단백질 응고: 알코올, 석탄산, 크레졸, 승홍, 포르말린
② 산화작용: 과산화수소, 과망간산칼륨
③ 단백질과 화합물 형성: 염소, 요오드
④ 가수분해: 강산, 강알칼리

1) 금속류

(1) 염화수은($HgCl_2$, 승홍)

승홍은 보통 0.1 ~ 0.5% 수용액을 사용한다. 살균력이 우수하나 금속부식과 수은중독의 해가 있으며, 해부시료 방부나 살균제로 쓰인다.

(2) Mercurochrome(수은화합물)

머큐로크롬은 1 ~ 2%의 농도를 사용하며, 주로 점막 및 피부창상에 많이 이용한다.

(3) Merchiolate

머치오레이트는 수은화합물중 비교적 독성이 약하고 살균력이 우수하다. 사용농도는 0.02% 수용액을 사용하며, 창상소독제, vaccine 및 주사제의 방부제로 사용한다.

(4) 질산은($AgNO_3$)

질산은 0.1% 용액을 사용하며, 주로 결막염, 요로감염증, 신생아 농루안 예방 등에 이용한다.

2) Halogen 화합물

(1) 요오드(I_2)

요오드액은 강한 살균력을 가진 소독제로서 많이 이용되고 있다. 주로 상처소독에 많이 이용한다.

(2) 염소

염소는 정수처리, 하수도 및 분뇨 처리수 소독에 많이 이용하며, 자극성 및 부식성이 있다.

종류	작용기작
염소	$Cl_2 + H_2O \rightarrow HOCl + H^+ + Cl^-$ $HOCl \rightarrow H^+ + OCl^-$ pH 4부근: HOCl pH 7이상: OCl^-로 존재 살균효과: HOCl〉OCl^-
표백분	$Ca(OCl)_2 + 2H_2O \rightarrow Ca(OH)_2 + 2HOCl$ $HOCl \rightarrow H^+ + OCl^-$

(3) 표백분($CaOCl_2$)

표백분은 우물물, 수영장, 목욕탕 소독에 많이 이용한다.

(4) 차아염소산소다(NaOCl)

차아염소산소다는 조리기구의 세척, 표백, 탈취 목적으로 이용한다. 락스의 소독 성분으로 많이 알려졌으며, 식품첨가물 살균료로 사용이 허가되었다.

3) 산화제

(1) 과산화수소(H_2O_2)

과산화수소는 주로 피부의 화농성 부위나 창상, 구내염, 구강 세척제로 사용하며, 3% 수용액을 사용한다.

과산화수소 작용기작
세포+과산화수소(H_2O_2)------------------------→ O_2^- catalase 살균

(2) 과망간산칼륨($KMnO_4$)

과망간산칼륨은 살균력이 강하여 0.1 - 0.5% 농도를 사용한다. 주로 피부, 요도와 질의 살균에 이용한다.

4) 산 및 알칼리

(1) 붕산(H_3BO_4)

붕산은 3% 수용액을 사용하며, 점막이나 눈 세척제로 이용한다.

(2) 생석회(CaO)

생석회는 하수나 변소의 소독에 사용한다. 생석회가 물과 반응하여 소석회로 될 때 고열이 발생하여 소독이 되고, 소석회가 물에 녹았을 때 강알칼리성을 이용한 화학적 소독 효과가 나타난다.

5) 페놀 및 유도체

(1) 페놀(Phenol)

살균력의 기준이 되는 소독제이다. 사용농도는 3 ~ 5% 수용액을 사용한다. 단백질 응고와 세포용해 작용이 있으며, 냄새와 독성 강하고 피부점막 자극 강하다. 주로 의류, 용기, 실험실 소독 등에 이용된다. 5%의 페놀(석탄산)을 이용하여 일정한 온도하에서 장티푸스균에 대한 살균력을 비교하여 각종 소독제의 효능을 표시하는데, 이를 석탄산 계수(phenol coefficient)라고 한다. 미생물의 종류에 따라 소독제의 석탄산 계수가 다르다.

[소독제의 살균력 검정]

$$\text{석탄산 계수(PC)} = \frac{\text{소독액의 최대 희석배수 [균의 생존 5분간(+), 10분간(−)]}}{\text{석탄산의 최대 희석배수 [균의 생존 5분간(+), 10분간(−)]}}$$

[실험 예]

소독약	희석배수	작용시간(분)				
		2.5	5.0	10	12.5	15
Phenol	40	+	−	−	−	−
	50	+	+	−	−	−
	60	+	+	+	+	+
A 액	500	+	+	−	−	−
	550	+	+	+	−	−
	600	+	+	+	+	−
B 액	150	+	−	−	−	−
	200	+	+	−	−	−
	250	+	+	+	−	−

(+): 균 생존, (−): 균 사멸
A 액의 석탄산 계수: 500/50= 10
B 액의 석탄산 계수: 200/50= 4
A와 B는 각각 phenol 보다 10배, 4배의 살균력을 가짐

(2) 크레졸(cresol)

크레졸의 소독력은 석탄산의 2배(석탄산 계수 2)이며 손, 발, 오물통, 축사, 객담 소독에 사용한다. 냄새가 강하여 식품에는 사용하지 목하며, 50% 비누액에 3% 농도로 사용한다.

6) 지방족 화합물

(1) Alcohol

알코올은 손, 피부, 기구소독을 위해 사용하며, 100% 농도에서는 탈수작용 때문에 살균력이 저하되며, 소독효과는 70%에서 가장 높게 나타난다.

(2) 계면활성제(양성/역성비누)

일반적인 비누가 음이온을 갖는 것에 비하여 양이온성을 갖기 때문에 역성비누(양성비누)라 부르며, 계면활성제로서 조리자의 손이나 식기 및 생산현장 바닥 소독에 많이 사용한다. 사용농도는 0.01 ~ 0.1%를 사

용하고 있으며, 비누와 사용하거나 유기물이 공존하는 경우는 소독효과가 감소되므로 세제로 씻은 후 사용하는 것이 좋다.

7) 알킬화제

(1) 포르말린

포르말린은 단백질 응고능을 갖고 자극성이 강하고 살균력이 우수하며 방부제, 생물표본 보존제, 선박 등의 소독에 이용된다. 식품분야는 창고나 코지실의 소독에 사용된다. 농도는 1% 액을 사용한다.

(2) 에틸렌옥사이드(EO)

에틸렌옥사이드는 가스로서 폭발성 높고 돌연변이원으로 작용할 수 있다. 가스 소독, plastic 제품, 실험기자재, 의류 소독에 사용한다.

3. 조리자 및 식품 취급자의 소독법

1) 조리자의 손

일반 비누를 손에 부어 거품을 내어 씻고, 역성비누액을 2-3방울 손바닥에 부어 손톱브러쉬로 손톱 사이까지 스며들도록 하여 4-5분 지난 다음 흐르는 물에 충분히 씻어내린 후, 손을 온풍으로 말린다.

2) 행주와 도마

행주는 삶거나 증기소독, 차아염소산 소독이나 일광건조를 한다. 도마는 흐르는 물에 세척하고 열탕처리하거나 차아염소산소다를 뿌리고 흐르는 물에 씻은 다음 건조한다.

2-5. 식품의 변질

식품은 시간의 경과에 따라 물리화학적 요인에 의해 본래의 성질을 잃어버리고 품질의 저하 현상이 나타난다. 이러한 현상을 식품의 변질이라 한다. 물리적 요인으로는 열, 동결, 건조, 산소, 광선 등이 있다. 화학적 요인은 효소작용, 성분간 반응, 지질산화, 퇴색 등이 있다. 생물학적 요인은 세균, 효모, 곰팡이 및 곤충 등이 작용에 의한다.

표 2-3 식품 성분에 따른 변질의 구분

용어	내용
변질(spoilage)	식품의 품질이 변하여 섭취가 어려운 상태가 되는 것
부패(putrefaction)	단백질 식품이 분해되어 악취와 유해물질이 생성되는 현상
발효(fermentation)	탄수화물이 미생물에 의해 인간에게 유용한 물질을 생성
산패(rancidity)	지질이 분해되어 불쾌취와 맛이 나빠지고 변색되는 것

1) 미생물에 의한 식품의 변질

식품의 변질에 큰 영향을 미치는 미생물을 부패균이라 한다. 미생물의 작용은 효소에 의해 부패작용이 일어나며, 통상적으로 몇 종류의 미생물에 의해 일어난다. 식품 별 주요 부패균은 아래 표와 같다.

표 2-4 식품 별 주요 부패균

식품	부패 미생물
곡류	곰팡이, *Penicillium* 속, *Aspergillus* 속
과일, 채소	곰팡이류: *Penicillium* 속, *Aspergillus* 속 세균: *Acetobacter xylium, Acetobacter oxydans,* 효모: *Torulopsis, Candida, Rhodotorula,*
육류	*Pseudomonas, Archromobacter, Micrococcus,* 등
어패류	*Pseudomonas, Archromobacter, Flavobacterium, Vibrio* 등
통조림	*Clostridium, Bacillus coagulans*(flat sour)
우유	*Enterobacter* 속(점질), *Streptococcus* 속, *Serratia* 속(적변)

2-6. 식품성분 별 변패

1. 탄수화물

탄수화물의 다당류는 세균의 가수분해효소에 의해 단당류, 이당류, 올리고당류로 분해되고, 이들은 알코올, 유기산, 케톤으로 대사되고 호기적 조건에서 최종적으로 이산화탄소와 물로 분해된다.

2. 단백질

고분자 단백질은 미생물과 효소에 의해 아미노산으로 분해된다. 아미노산의 탈아미노 과정을 통하여 지방산과 암모니아가 생성되고, 탈탄산반응을 통하여 아민과 이산화탄소가 생성된다. 함황아미노산은 황화수소와 메르캅산, 방향족아미노산으로부터 인돌, 스케톨 및 페놀이 생성되어 강한 부패취가 난다.

3. 지질

지질은 글리세롤과 지방산으로 분해된 후 CO_2, H_2, CH_4 등이 생성된다.

2-7. 부패 판정

1. 관능검사

신속하고 간단한 방법으로 미각, 후각, 시각, 촉각 등을 이용하여 신선도를 검사하는 방법이다. 관능검사의 경우는 초기부패를 명확하게 판단하기 어렵고 개인차가 있고 주관적인 면이 있다.

① 냄새 : 악취- 아민, 암모니아, 산패, 알코올, 분변냄새

② 색깔 : 변색- 광택소실, 착색, 변색, 갈색

③ 촉각 : 변화- 혼탁, 침전, 응고, 연화, 점액화

④ 미각 : 이미- 자극

2. 생균수검사

식품은 부패가 진행됨에 따라 세균 수가 증가하게 된다. 식품의 일반세균수 증가에 따라 신선도를 판정하는 방법이다. 이 방법의 단점은 측정에 2일정도 시간소요, 발효식품 적용의 어려움이 있다. 일반적으로 식품 1g(또는 ml) 중에 10^5 이하인 경우 신선한 식품으로 보고, 식품의 초기부패기준은 10^7 ~ 10^8로 본다.

3. 화학적 검사

단백질 함유 식품인 육류나 어류는 부패하면 아민이나 암모니아가 생성되기 때문에 이를 측정하여 부패의 척도로 사용한다.

1) 휘발성 염기질소(VBN, volatile basic nitrogen)

- 과정 : 단백질 식품---(부패)--암모니아, 아민 등의 휘발성 염기질소 측정
- 판정 : 신선어육 : 10~15mg%, 초기부패 : 30~40mg%, 부패육 : 50mg%

2) 트리메틸아민(TMA, trimetylamine)

- 과정 : 어육 trimethylamine oxide로부터 생성되는 trimethylamine의 양을 판정
- 판정 : 어육 초기부패 4~6 mg%, 3 mg%이하 신선

3) 히스타민(Histamine)

- 과정 : 어패류 histidine 분해 시 생성되는 amine, allergy, inflammation, 식중독 유발
- 판정 : 4 ~ 10mg% 축적시 알레르기 식중독, 신선한 생선에서는 불검출

4) K value

- 과정 : 어육의 신선도 판정 기준

  ATP 분해에 따른 inosine [I], hypoxanthine [H]의 생성정도 측정

$$K = \frac{I + H}{ATP + ADP + AMP + I + H} \times 100$$

- 판정 : 신선육: 10%이하, 60-80% 초기부패

5) pH

- 미생물증식, autolysis에 따른 pH 변화
- 판정: 어육의 경우 pH 5.5 전후 신선, 6.2 이상 초기부패

6) 물리적 검사

- 점도, 색, 탄성 측정

2-8. 식품의 변질 방지

1. 물리적 방법

1) 냉장

일반적으로 0 ~ 4℃에서 저장하는 방법으로 주로 채소, 과일, 육류의 단기간 저장을 위해 사용한다.

2) 냉동

식품을 냉동으로 동결시키는 방법으로 장기간 보존을 위해 사용한다. 식품의 조직에 손상이나 변화를 주어 질감에 영향을 많이 준다. 온도는 -15 ~-18℃에서 육류 저장이 이용한다.

3) 건조법

식품의 수분을 제거하여 부패 미생물의 증식을 억제한다. 수분활성도가 세균은 0.9, 효모는 0.88, 곰팡이는 0.8 이하인 경우 증식이 어렵다. 곰팡이는 0.7 미만이 되도록 건조한다. 태양광선과 바람을 이용하는 일광건조, 인공건조법은 고온건조(90℃이상), 열풍건조(육류, 어류, 난류), 배건(직접 불로 건조-보리차, 홍차), 냉동건조(한천, 당면, 건조두부), 분무건조(분유, 분말커피), 동결건조법(건조채소, 분유)이 있다.

4) 가열 살균

식품에 열을 가하여 잔존하는 미생물을 멸균하는 방법으로 이 과정에 식품의 질적 저하가 동반된다. 우유와 술에 사용하는 저온 장시간 살균(63~65℃, 30분), 과즙과 우유에 사용하는 고온 순간 살균(72~75℃, 15~20초), 우유와 과즙은 초고온 순간 살균(130~150℃, 0.5~5초)법 등이 이용된다.

2. 화학적 방법

1) 절임법

(1) 염장(salting)

10% 내외의 식염을 첨가하면 미생물의 증식이 억제된다. 삼투압이 높아져 탈수, 건조 상태가 되고, 미생물의 원형질의 분리 및 효소작용저해로 미생물의 생육이 억제된다.

(2) 당장(sugaring)

50% 정도의 당을 첨가하면 미생물의 증식이 억제된다. 이를 이용한 식품은 젤리, 잼, 마멀레이드, 가당연유 등이 있다.

(3) 산장 (pickling)

산도(pH)를 낮추어 미생물 생육을 억제한다. 유기산이 효과가 크고, 구연산, 젖산, 초산, 프로피온산 등이 이용된다.

2) 보존료 첨가법

보존료는 부패세균의 증식을 저지하여 부패시기를 지연시키는 것이다 각 식품에 따라 식품위생법에서 식품별 사용량을 엄격히 제한하고 있다. Benzoic acid와 그 나트륨염, sorbic acid와 그 나트륨염 및 그 칼륨염,

sodium dehydroacetate, paraoxy- benzoic acid ester, propionic acid와 그 칼슘 및 나트륨염 등이 있다.

3. 기타

1) 훈증 및 훈연

훈증제를 이용하여 훈증 처리하는 방법으로 곡류저장에 이용한다. 훈연은 목재를 불완전 연소 시켰을 때 나오는 연기에 존재하는 알데히드류, 알코올류, 페놀, 초산 등이 식품 조직에 침투하여 효과를 나타내며, 햄, 베이컨, 어류 저장에 이용한다.

2) CA(controlled atmosphere) 저장

과일이나 야채는 수확 후에도 호흡작용이 일어나 품질이 변화한다. 저장 공간의 기체 가스농도를 조절하여 호흡 작용을 저하시켜 저장성을 연장시키는 방법(climatric rise 방지)으로 산소를 줄이고 이산화탄소의 농도를 증가시킨다. 주로 분유, 채소, 과일, 계란에 적용한다.

3) 통조림 및 포장

통조림은 병 또는 캔에 원료를 담고, 탈기, 밀봉, 살균 및 냉각의 과정을 거친다. 즉, 관 냉의 공기를 제거하여 미생물의 증식을 억제하여 보존성을 증가시킨다. 진공포장은 불활성가스(질소)로 산소를 제거하여 호기성 미생물의 증식을 억제하고 식품성분의 산화에 의한 변질을 억제하기 위한 방법이다.

제 2장 ☘ 연습문제 ☘

1. 세균의 대표적인 증식 방법은?
   ① 출아법
   ② 분열법
   ③ 균사증식
   ④ 포자발아
   ⑤ 선단증식

2. 식품의 부패 또는 변질과 관련이 적은 것은?
   ① 수분
   ② 온도
   ③ 압력
   ④ 효소
   ⑤ 영양소

3. 세균 번식이 잘되는 식품과 가장 거리가 먼 것은?
   ① 온도가 적당한 식품
   ② 수분을 함유한 식품
   ③ 영양분이 많은 식품

④ 산이 많은 식품

⑤ 단백질 함량이 높은 식품

4. 다음 중 잠재적인 위해식품(potentially hazardous food)에 대한 설명으로 옳은 것은 ?

① 수분의 함량이 낮고 단백질 함량이 높은 식품

② 수분의 함량이 높고 지방의 함량이 높은 식품

③ 수분의 함량이 높고 단백질 함량이 높은 식품

④ 탄수화물의 함량이 높고 단백질 함량이 낮은 식품

⑤ 단백질의 함량이 높고 탄수화물의 함량이 낮은 식품

5. 미생물의 생육에 직접적 영향이 약한 것은?

① 온도

② 수분

③ pH

④ 압력

⑤ 영양소

6. 일반적인 곰팡이 배양 온도는?

① 15 ~ 20℃

② 25 ~ 30℃

③ 35 ~ 40℃

④ 45 ~ 50℃

⑤ 55 ~ 60℃

7. 일반적인 세균의 배지 pH는?

① pH 1-3

② pH 4-5

③ pH 7-8

④ pH 9-10

⑤ pH 10-11

8. 저온보관 중인 육류의 부패에 관여하는 미생물로 가장 옳은 것은 ?

① *Micrococcus*

② *Streptococcus*

③ *Leuconostoc*

④ *Pseudomonas*

⑤ *Bacillus*

9. 다음 중 냉동식품의 분변 오염지표균은 ?

① *E. coli*

② *Bacillus*

③ *Erwinia*

④ *Enterococcus*

⑤ *Pseudomonas*

10. 일반 식품의 분변 오염지표균으로 사용되는 미생물은 ?

① *Escherichia coli*

② *Enterococcus faecalis*

③ *Shigella dysenteriae*

④ *Bacillus subtilis*

⑤ *Clostridium botulinum*

11. 멸균의 설명으로 옳은 것은 ?

① 오염된 물질을 세척하는 것

② 미생물의 생육을 저지시키는 것

③ 미생물을 완전히 사멸시키는 것

④ 화학적 방법으로 병원체를 파괴시키는 것

⑤ 물리적 방법으로 병원체를 파괴시키는 것

12. 자외선 살균에 대한 설명 중 옳지 않은 것은 ?

① 미생물의 DNA에 손상을 일으킨다.

② 물, 공기 및 식기류의 소독에 적합하다.

③ 살균력이 가장 강한 파장은 260 nm 부근이다.

④ 자주 사용하면 균에 내성이 생겨 효과가 떨어진다.

⑤ 투과력이 약하기 때문에 식품의 살균에는 이용하지 않는다.

13. 채소, 과일 및 도마 등의 소독에 가장 적합한 살균제는 ?

① 승홍

② 크레졸

③ 석탄산

④ 포르말린

⑤ 차아염소산나트륨

14. 에틸알코올의 살균효과에 대한 설명으로 옳은 것은 ?

① 단백질 공존시 살균효과가 높아진다.

② DNA에 손상을 주어 살균효과가 나타난다.

③ 포자와 사상균에 대해서는 살균효과가 적다.

④ 50 % 이하의 농도에서 높은 살균효과를 나타낸다.

⑤ 발암작용이 있으므로 손 소독에는 사용할 수 없다

15. 조리자의 손을 소독하기에 적합한 소독제는?

① 페놀

② 크레졸수

③ 역성비누액

④ 포르말린

⑤ 알콜

16. 음료수 소독에 가장 적합한 소독제는?

① 요오드

② 알코올

③ 염소

④ 승홍

⑤ 페놀

17. 소독제의 살균력을 평가하는 기준이 되는 물질은 ?

① 알코올

② 석탄산

③ 역성비누

④ 과산화수소

⑤ 요오드팅크

18. 부패의 의미를 가장 잘 설명한 것은?

① 비타민 식품이 광선에 의해 분해되는 상태

② 단백질 식품이 미생물에 의해 분해되는 상태

③ 유지 식품이 산소에 의해 산화되는 상태

④ 탄수화물 식품이 발효에 의해 분해되는 상태

⑤ 전분이 식혜가 되는 현상

19. 식품의 변질에 관계하는 세균의 발육을 억제하는 조건은?

① 중성의 pH

② 30~40℃의 온도

③ 10% 이하의 수분

④ 풍부한 아미노산

⑤ 적당한 영양소 공급

20. 건조에 대한 저항성이 강한 순으로 나열된 것은?

① 세균〉 효모〉 곰팡이

② 효모〉 곰팡이〉 효모

③ 곰팡이〉 효모〉 세균

④ 세균〉 곰팡이〉 효모

⑤ 효모〉 세균〉 곰팡이

21. 어패류의 신선도 판정 시 초기부패의 기준이 되는 물질은?

① 삭시톡신(saxitoxin)

② 베네루핀(venerupin)

③ 트리메틸아민(trimethylamine)

④ 아플라톡신(aflatoxin)

⑤ 테트로도톡신(tetrodotoxin)

22. 식품의 초기부패란 세균수가 1 g당 어느 정도일 때를 말하는가 ?

① 10^1~10^2

② 10^3~10^4

③ 10^5~10^6

④ 10^7~10^8

⑤ 10^9~10^{10}

23. 식품의 부패 시 생성되는 물질과 거리가 먼 것은?

① 암모니아(ammonia)

② 트리메틸아민(trimethylamine)

③ 글리코겐(glycogen)

④ 아민(amine)류

⑤ 락토스스(lactose)

24. 도마의 사용방법에 관한 설명 중 잘못된 것은?

① 합석세제를 사용하여 43~45℃의 물로 씻는다.

② 염소소독, 열탕소독, 자외선살균 등을 실시한다.

③ 식재료 종류별로 전용의 도마를 사용한다.

④ 세척, 소독 후에는 건조시킬 필요가 없다.

25. 식품의 신선도 또는 부패의 이화학적 판정에 이용되는 항목이 아닌 것은?

① 히스타민 함량

② 당 함량

③ 휘발성염기질소 함량

④ 트리메틸아민 함량

⑤ 아민성 물질

26. 중온균 증식의 최적온도는?

① 10~12℃

② 25~37℃

③ 55~60℃

④ 65~75℃

⑤ 75℃ 이상

27. 식품의 위생과 관련된 곰팡이의 특징이 아닌 것은?

① 건조식품을 잘 변질시킨다.

② 대부분 생육에 산소를 요구하는 절대 호기성 미생물이다.

③ 곰팡이독을 생성하는 것도 있다.

④ 일반적으로 생육 속도가 세균에 비하여 빠르다.

⑤ 세균보다 비교적 낮은 산도에서 잘 생육한다.

28. 다음 중 대장균의 최적 증식 온도 범위는?

① 0~5℃

② 5~10℃

③ 30~40℃

④ 55~75℃

⑤ 60~70℃

29. 식품의 변화현상에 대한 설명 중 틀린 것은?

① 산패 : 유지식품의 지방질 산화

② 발효 : 화학물질에 의한 유기화합물의 분해

③ 변질 : 식품의 품질 저하

④ 부패 : 단백질과 유기물이 부패 미생물에 의해 분해

30. 식품의 부패 정도를 측정하는 지표로 가장 거리가 먼 것은?

① 휘발성염기질소(VBN)

② 트리메틸아민(TMA)

③ 수소이온농도(pH)

④ 총질소(TN)

31. 단백질이 탈탄산반응에 의해 생성되어 알레르기성 식중독의 원인이 되는 물질은?

① 암모니아
② 아민류
③ 지방산
④ 알코올류

32. 다음 중 가장 강한 살균력을 갖는 것은?

① 적외선
② 자외선
③ 가시광선
④ 근적외선

01-②, 02-④, 03-④, 04-③, 05-④, 06-②, 07-③, 08-④, 09-④, 10-①, 11-③, 12-④, 13-⑤, 14-③, 15-③, 16-③, 17-②, 18-②, 19-③, 20-③, 21-③, 22-④, 23-③, 24-④, 25-②, 26-②, 27-④, 28-③, 29-②, 30-④, 31-④, 32-②

제 3장

세균성 및 바이러스성 식중독

식중독(food poisoning)은 식품의 섭취를 통해 일어나는 급성 건강장애를 말한다. 이들은 미생물(독소), 병해충 및 유독 화학물질들에 의해 일어난다. 식중독은 세균성 및 바이러스성, 자연독 및 화학성에 의한 식중독으로 분류한다.

식품위생법에서의 식중독의 정의(제2조, 14항)
"식중독"이란 식품 섭취로 인하여 인체에 유해한 미생물 또는 유독물질에 의하여 발생하였거나 발생한 것으로 판단되는 감염성 질환 또는 독소형 질환을 말한다.

식중독은 감염형, 독소형 및 감염 · 독소형으로 구분한다.

- 감염형: 다량의 식중독균이 오염된 식품을 섭취하였을 경우, 장내에서 증식하여 식중독 증상을 유발하는 것을 말한다. 감염형은 장관에서 균이 증식을 하여야 하기에 잠복기가 길고, 발열과 위장염 증상이 나타난다.

  예) *Salmonella* 균, 장염 *Vibrio* 균, 병원성 대장균, *Campylobacter* 균

- 독소형: 식품에 오염된 식중독균이 증식하면서 생성한 독소를 섭취하였을 때 발생하는 식중독 증상을 말한다. 증상은 잠복기가 짧고, 발열증상이 많지 않다.

  예) *Staphylococcus aureus* 균, *Clostridium botulinum* 균

- 감염 · 독소형: 식중독균이 오염된 식품을 섭취한 후, 장관에서 증식한 균이 생성한 독소에 의해 발생하는 식중독 증상을 말한다. 감염형과 독소형의 중간 형태이다.

  예) *Clostridium perfringens* 균(welchii 균), *Bacillus cereus* 균

표 3-1 식중독 분류

식중독	구 분	원 인
세균성	감염형	병원성 대장균, *Salmonells*균, *Vibrio*균
	독소형	포도상구균, *Botulinus*균
	감염 · 독소형	Welchii균, Cereus균
바이러스성	바이러스 감염	Norovirus Rotavirus
자연독	식물성 독소	감자, 청매실, 독미나리, 독버섯
	동물성 독소	복어, 조개 등
	Mycotoxin	Aflatoxin, citrinin, fusarium 독
자연독	식품첨가물, 용기	둘신, methanol, PCB
	중금속	수은, 카드뮴, 비소, 납
	농약	유기인제, 유기염소제, 유기불소제

3-1. 감염형 식중독

1. 살모넬라 식중독

1) 원인균

살모넬라 식중독은 전 세계적으로 흔하게 발생되고 있는 식중독의 하나이다. 우리나라에서는 사시사철 발생하고 있으며 여름철에 많이 발생한다. 살모넬라라는 이름은 미국의 병리학자 다니엘 엘머 살몬(Daniel Elmer Salmon)의 이름에서 유래되었다. 살모넬라균은 장내세균과에 속하는 그람음성간균으로 통성혐기성, 주모성 편모를 가지며 운동성이 있고, 생육 최적 pH는 7~8, 온도는 37℃ 정도이다. 대표균으로는 *Salmonella enteritidis, Salmonella typhimurium* 등이 있다.

2) 원인식품 및 감염경로

살모넬라 식중독은 식육이나 계란을 통한 감염이 빈번하다. *Salmolella*

*enteritidis*는 번식용에서 산란용 닭에 수직적으로 전파된다. 오염된 계란이 생산되면 쥐, 사료 등을 통하여 전파된다. 식육이나 계란에 오염된 균이 2차 가공품인 마요네즈, 샐러드, 건조란 등에서도 감염되는 경우가 있다. 소, 돼지, 말, 닭, 오리를 통해서도 감염된다.

3) 증상

잠복기는 일반적으로 12~24 시간이고, 증상으로는 급성위장염이 나타나며, 메스꺼움, 구토, 복통 설사, 발열 등의 증상이 나타난다.

4) 예방

살모넬라균은 열에 약하여 식품 60℃에서 20분 정도 가열하여 섭취한다. 오염되기 쉬운 육류, 닭고기, 계란, 유제품류는 취급 시 주의해야 할 필요가 있다.

2. 장염 Vibrio 식중독

1) 원인균

장염비브리오 식중독 원인균은 *Vibrio parahaemolyticus*이고 그람음성균으로 3% 내외의 소금농도에서 생육하는 균이다. 통성혐기성균으로 주모성 편모를 가진다. 생육최적온도는 35~37℃이고 최적 pH는 7.5 내외이다. 이러한 특성에 의해 해수의 온도가 상승하는 여름철에 주로 발생한다. 증식속도가 빨라서 세대기간이 10분정도 매우 짧아 2~3시간이면 식중독발생 가능한 균량으로 증가한다.

2) 원인식품 및 감염경로

원인식품은 바닷물과 관련 있는 해산어패류와 그 가공품에서 나타난다. 특히 생선회나 초밥 등이 주를 이룬다. 어패류에 의해 2차 오염된 도시락, 샐러드 등의 복합식품도 원인이 된다. 이 균이 오염된 어래퓨를 취급한, 조리대, 도마, 칼, 행주 등을 통한 교차오염도 발생한다.

3) 증상

잠복기는 8~24시간이고 15~20시간이 이르면 증상이 최대에 이른다. 식중독 환자의 주증상은 복통으로 시작하여 메스꺼움, 구토, 발열, 설사, 두통 증상이 나타난다. 설사는 수양성 설사이나 심한 경우 1일 10회 이상 콜레라와 유사한 점액이나 혈액이 섞인 경우도 있다. 증상은 보통 2-3일이면 회복되나 심한 경우는 사망에 이를 수 있다.

4) 예방

이 균은 해수에서 많이 발생하므로 여름철에 어패류의 생식을 주의하고, 증식속도가 빨라 저온 보관 및 유통과정이 필요하다. 열에 대한 저항성은 약하여 60℃에서 5분, 55℃에서 10분 가열로 사멸되므로 가열조리 하여 섭취한다. 민물에는 생존력이 약하므로 물로 세척하여 조리한다.

3. 병원성대장균 식중독

1) 원인균

대장균(大腸菌, *Escherichia coli, E. coli*)은 사람이나 동물의 장관 내에 상재하는 균이고 자연계에도 널리 분포하고 있으며 병원성이 없다.

그러나 1945년 Bray(영국)가 유아에게 설사를 일으키는 대장균을 보고한 이래, 성인에게도 급성 위장염을 일으키는 특정의 혈청형을 가진 대장균을 발견하였다. 이러한 이유로 일반적인 대장균과 구분하여 병원성 대장균이라 부르게 되었다. 대장균의 특징은 그람음성, 통성혐기성, 운동성이 있으며, 생육조건은 37℃와 중성 pH에 잘 자라고, 유당을 분해하여 산과 이산화탄소를 분비한다. 병원성 대장균을 혈청학적으로 분류하여 다음의 4가지 군으로 분류하였다.① 장관병원성 대장균(EPEC: entropathogenic *E. coli*): 유아 설사병으로부터 분리,② 장관조직침입성 대장균(EIEC: enteroinvasive *E.coli*): 이질 환자에서 분리,③ 장관독소원성 대장균(ETEC: enterotoxigenic *E.coli*): 콜레라 환자로부터 분리, Heat liable enterotoxin(LT), Heat stable enterotoxin(ST): 생성 독소가 장관, 점막의 이온투과에 혼돈을 초래,④ 장관출혈성 대장균(EHEC: enterohaemorrhagic *E.coli*) : 햄버거에서 분리, 예, O-157, 장관에 부착 성장 후, verotoxin을 생산하여 출혈성 대장염을 유발한다. 우리나라는 장출혈성대장균 감염증을 제1종 감염병으로 관리하고 있다.

표 3-2 병원성 대장균의 종류 및 특성

종류	장관병원성 대장균(EPEC)	장관독소원성 대장균(ETEC)	장관침입성 대장균(EIEC)	장관출혈성 대장균(EHEC)
독 소	베로 독소 (Verocytotoxin)	이열성/내열성 (LT/ST)	-	베로 독소 (Verocytotoxin)
증상	구토, 복통, 설사, 발열	콜레라와 유사증상 여행자 설사증	이질형 점액 및 혈액성	장출혈성, 제1감염병 혈변과 심한 복통
원인 식품	유아음식, 오염분유	오염된 물, 음식	분변오염 식품	쇠고기, 햄버거 샌드위치, 사과주스
주요 혈청형	O26:H11	O6:H16	O124:H7	O157:H7

2) 원인식품 및 감염경로

대장균이 존재하는 곳은 사람, 동물, 자연환경 등 매우 광범위하다.

식중독 원인도 분변과 접촉 가능성이 높은 농산물, 육류, 사람의 손을 통하여 감염되는 경우가 많다. 원인식품으로는 햄, 치즈, 소시지, 샐러드, 분유, 도시락, 두부, 우유 등이 있다.

3) 증상

중독 증상은 원인균에 따라 상이하게 나타나고 있으며, 장관출혈성 대장균의 경우는 혈변과 함께 심한 복통을 수반하고 구역질이나 구토를 나타낸다. 가끔 용혈성요독증이나 신부전증 등을 유발하여 사망에 이르는 경우도 있다.

4) 예방

감염자의 분변이나 식품으로부터 감염될 수 있으므로 개인환경의 청결이 필요하다. 식품이나 음용수는 가열하여 섭취하고 분변에 의한 식품오염 방지가 중요하다.

4. 캠필로박터 식중독

1) 원인균

*Campylobacter*는 나선형 간균으로 꼬인 형태를 하고 있으며, 양쪽 끝에 하나씩의 편모로 운동성이 있다. 산소는 5-15% 정도를 요구하는 미호기성으로 그람음성균 이다. 포도당이나 유당을 발효하지 못하고, 최적온도는 42℃이다. 가축의 유산과 태반염, 설사증을 유발하는 것으로 알려졌으나, 1975년에 이르러 인간에게도 설사증을 일으키는 식중독 원인균으로 알려졌다. 주 원인균은 *Campylobacter jejuni*이다. campylos(그)는 곡선과 간상형이란 뜻이다.

2) 원인식품 및 감염경로

원인식품으로는 가축(닭, 칠면조, 소, 개, 고양이), 야생 조류, 우유 및 오염된 물 등이 있다. 미국에서는 원인식품으로 버섯, 날생선 혹은 덜 익힌 생선, 조개 및 굴류 등을 들고 있다. 감염경로는 오염된 식품과 물, 가축류를 도살 시에 식육류에 오염되는 경우 이다.

3) 증상

잠복기는 2-3일이며, 임상증상은 설사, 복통, 발열, 메스꺼움, 구토 등이 수반되며 탈수 증상을 수반하기도 한다. 어린이나 유아 및 면역이 저하된 사람에게 감염율이 높다.

4) 예방

*Campylobacters*는 실온에서는 생존력이 낮아 냉동온도에서는 세포가 죽고, 48℃ 이상에서는 세포가 파괴된다. 따라서 가금육, 우유, 음료수 등은 가열하거나 냉동 · 냉장 보관하여 섭취하는 것이 중요하다.

5. *Listeria*균 식중독

1) 원인균

원인균은 *Listeria monocytogenes* 이며 그람양성 간균이고 통성혐기성이며 포자를 형성하지 않는 세균이다. 이 균은 인수공통감염병균으로 동물성 식품과 토양에서 생산되는 식품에 오염된다. 생육조건은 저온, 고온, 건조 등에 강하여 냉장온도에서도 느리지만 증식이 가능하다.

2) 원인식품 및 감염경로

라스테리아는 토양에서 재배된 야채에서 발견되고, 덜 조리된 고기,

샐러드, 멜론 및 사과, 저온 및 비멸균 우유, 유제품, 가공식품 등에서 발견된다. 신선하거나 가공 식품에 존재하여 살균 공정이 잘못된 경우, 재 오염될 가능성이 크다.

3) 증상

사람과 동물에게 리스테리아증(listeriosis)을 일으킨다. 증상은 감염자의 감수성에 따라 다르나, 감기, 설사, 열, 구토 및 설사를 한다. 임산부나 신생아 및 노인 등 면역력이 약화된 사람에게는 수막염 및 패혈증과 유산 등의 리스테리아등을 유발한다.

4) 예 방

예방법은 살균하지 않은 우유의 섭취를 금하고, 조리되지 않은 식품을 취급한 후에는 손, 식칼 및 도마를 잘 세척한다. 식품과 접촉하는 면에 대하여 4급암모늄염(양성비누)으로 철저히 소독을 하고, 식품을 냉동이나 냉장 보관하고, 고기나 야채는 가열 조리하여 섭취하도록 한다.

6. 여시니아 식중독

1) 원인균: *Yersinia enterocolitica*, G(−), 통성혐기성균, 최적온도: 25~30℃
   4℃ 이하에서도 느린 생육가능 (식육의 장기 저온보존 시 주의)
2) 원인식품 및 감염경로: 돼지, 소, 조류, 동물
3) 증상: 복통, 발열, 설사, 구토, 여시니나증(피부의 결절정 홍반, 다발성관절염)
4) 예방: 고기, 물, 우유의 충분한 가열 처리, 청결유지

3-2. 독소형 식중독

1. 포도상구균 식중독

1) 원인균

원인균은 *Staphylococcus aureus*이며 그람양성, 통성혐기성, 구균이다. Staphylo는 포도 모양 coccus는 원형 이라는 뜻이고, aureus는 라틴어로 golden(금화, 금색)으로서 황색포도상구균이라 부른다. 사람이나 동물의 피부, 점막 및 장관 등에 정착하고 있으며, 자연계에 널리 분포하는 포도상구균은 병원성이 없는 것과 병원성이 있는 것으로 구별된다.

생육을 위한 최적조건으로 온도는 35 ~ 38℃, pH는 7.0 ~ 7.5이다. 식중독과 관련된 세균은 내독소(enterotoxin)를 분비하여 인간에게 식중독 증상을 나타낸다. 내독소는 내열성독소로서 B형의 경우 100℃에서 30분간 가열하여도 파괴되지 않으며, 210℃이상에서 30분 가열하여야 파괴된다. 또한 단백질 분해효소인 펩신, 트립신, 키모트립신, 파파인 등에 의해서도 분해가 되지 않는다. 따라서 일반적인 조리법이나 소화효소에 의해서도 파괴되지 않는다.

2) 원인식품 및 감염경로

원인 식품으로는 식물류인 전분질 식품에서 발생 빈도가 높게 나타나고, 외국에서는 우유, 유제품 및 육제품에서 많이 나타난다. 이 균은 인간의 피부, 소화기 점막 부위에 상재하고 있고, 자연계에 널리 분포하고 있어 식품의 오염기회가 많다. 식품을 조리하거나 제빵 및 가공과정 중에 손에 화농성 상처가 있는 사람에 의하거나 기구에 의한 2차 오염도 일어난다.

3) 증상

잠복기는 1~5시간으로 세균성 식중독 중 가장 빠르게 나타난다. 식중독 증상은 오심, 구토, 설사를 한다. 발열은 거의 없다. 일반 증상은 수 시간이 지나면 없어지지만, 심한 경우는 24시간 이상 지속되는 경우도 있으나 1~2일 후에 회복된다.

4) 예방

포도상구균 오염 대책으로는 조리종사자의 위생관리가 매우 중요하다. 조리자는 손을 항상 깨끗이 하고, 특히 화농성 질환이나 인후염 등이 있는 경우에는 식품의 가공, 조리를 하지 않으며, 마스크를 착용하도록 한다. 세균의 일반적인 예방법인 식품의 저온보관과 위생적 관리를 통한 2차오염의 방지이다.

2. 보툴리누스 식중독

1) 원인균

원인균은 *Clostridium botulinum*이며 그람양성, 간균, 편성혐기성, 포자생성균이고 신경독소를 분비한다. Botulus는 라틴어로 소시지라는 의미로 18-19세기에 소시지 중독이 빈번하게 일어났음을 말하고 있다. 보툴리누스독소는 항원형에 따라 A, B, C, D, E, F형으로 분류한다. 식중독과 관련된 것은 A, B, E 및 F형이다. A형은 야채, 과일, 육류, B형은 육류와 사료, E형은 어패류, F형은 육류와 관계가 깊다. 독소는 신경독소(neurotoxin)로 80℃에서 20분, 100℃에서 1 ~ 2분 가열하면 불활성화 되므로 이열성 독소라고 한다.

2) 원인식품 및 감염경로

보툴리누스균은 아포는 토양, 하천, 연못, 바다 등에 널리 분포하고 있어 식품에 오염되기가 쉽다. 식품의 혐기상태가 유지되는 통조림이나 병조림식품, 햄 및 소시지, 어육 훈제품 등에서 발견된다.

3) 증상

잠복기는 12~36시간으로 처음에는 구토 및 변비 등의 위장장해 증상을 나타내며, 짧게는 2 ~ 4시간 내에 신경증상이 나타난다. Acetylcholine이 말초부교감신경 끝과 운동신경의 근접합부에서 유리되는 것을 저해하여 신경마비 증상이 나타난다. 시력의 저하, 동공확대, 광선 자극에 대한 무반응이 나타나며 두통, 현기증, 권태감, 갈증을 동반하며 호흡곤란으로 사망하는 경우도 있다. 보툴리누스 독소(BTX)는 치명적인 급성 독성을 가지고 있으며, 사람에 대한 LD_{50}은 1.3 ~ 2.1 ng/kg(intravenously or intramuscularly), 10 ~ 13 ng/kg(inhaled)이다. 이러한 특성을 이용하여 최근에는 의약, 화장품 및 연구용으로 많이 사용되고 있다.

4) 예방

식품이나 통ㆍ병조림을 제조할 때는 멸균(120℃, 4분)을 철저히 하여야 한다. 균증식억제를 위해 pH 4.5 이하나 수분활성도를 0.94 이하로 유지한다. 독소는 열에 약하므로 100℃에서 3분 또는 80℃에서 30분 이상 가열하여 파괴시킨다.

3-3. 감염 · 독소형 식중독

1. *Clostridium perfringens*(welchii균) 식중독

1) 원인균

(1) *Clostridium perfringens*(welchii균) 식중독

Clostridium perfringens 은 과거에는 *Clostridium welchii*로 불렸던 균으로 웰치균 식중독이라고 불려왔다. 그람양성, 혐기성 간균이고, 운동성이 없으며, 아포를 형성한다. 생육 최적 온도는 37~45℃이며, 최소 수분활성 범위는 0.97~0.93이고, pH는 6.0~7.0이고 pH 5.5 이하이면 생육이 억제된다.

독소는 종류와 양에 따라 A~F의 6가지 독소형이 존재한다. 식중독 중 99%가 A형이 사람의 장염에 원인이 되는 것으로 알려졌다. *Clostridium perfringens* enterotoxin(CPE)열에는 비교적 약하여 74℃에서는 불활성화 된다.

2) 원인식품 및 감염경로

원인 식품은 육류와 그 가공품, 대량의 식품을 조리한 후의 실온에 방치한 육류나 기름에 튀긴 식품이다. 면류나 동 · 식물성 단백질 성분도 원인이다. 이 균은 흙, 하수, 물, 동물의 장관 등에 서식하며, 상처에 피부주변에 있던 균이나 장관에 있는 균이 감염원이 되기도 한다. 미국에서는 *Norovirus, Salmonella, Campylobacter, Staphylococcus aureus*와 더불어 많이 발생하는 식중독 균이다. 대량 조리가 필요한 단체급식소 기관인 학교, 병원, 기숙사 등에서 대규모의 집단적 발생이 일어나기도 한다.

3) 증상

잠복기는 8 ~ 22시간으로 평균 12시간이고, 주 증상은 복통과 설사이다. 설사는 1일 1~3회 정도이고 대부분 수양성 설사를 한다. 구토와 발열은 거의 볼 수 없다. 대부분 증상은 24시간 내에 해결되나 심한 경우는 2주 이상 가기도 한다.

4) 예 방

육류와 가금류의 조리된 식품을 보존하는 경우는 4℃에서 이하에서 보존하고, 스튜나 스프의 경우는 소량씩 나누어서 보관하고 섭취 시 최소한 74℃로 가열한다. 이 균은 혐기성 균이므로 식품을 대량으로 큰 용기에 보관하지 말고 소량씩 보관하고, 조리 후 보관 시는 충분히 재가열하여 섭취한다.

2. *Cereus* 균 식중독

1) 원인균

원인균은 *Bacillus cereus*이고, 그람양성, 간균, 편모에 의한 운동성이 있고, 내생포자(endospore)를 형성하여 열에 강하다. 통성혐기성균으로 enterotoxin을 분비한다.

2) 원인식품 및 감염경로

원인식품은 동식물성 단백질 및 전분 식품류에 의해 발생한다. 이 균은 토양, 오수, 식물 등 자연계에 널리 분포되어 있어 식품에 오염되기가 쉽다.

3) 증상

증상은 구토형과 설사형이 있다. 구토형은 잠복기가 3시간이고, 설사형은 잠복기 12시간 이다.

4) 예방

곡류와 채소는 잘 세척하여 이용하고, 조리된 음식은 저온에 보관한다.

3-4. 알레르기성 식중독

세균과 관련된 알레르기성 식중독의 대표적인 물질은 histamine이 있다. 단백질의 구성성분인 histidine이 미생물의 작용으로 탈탄산이 되면서 histamine이 생성된다. *Morganella morganii* 균은 탈탄산효소인 histidine decarboxylase을 분비하여 히스티딘으로부터 히스타민을 생성하여 알레르기를 유발한다. 이 균은 그람 음성균으로 동물의 장내에 존재하고, 자연계에 널리 분포하고 있다.

원인식품은 꽁치, 고등어, 정어리 등의 붉은 살 생선의 건어물 및 가공품 등 histidine이 많이 함유된 식품에서 발생한다. 증상은 일반적인 알레르기와 비슷하며 잠복기는 약 1시간이며, 5분 내에 발생하기도 한다. 안면홍조와 전신두드러기, 작열통, 전신홍조를 나타낸다. 항히스타민제의 복용으로 치료가 가능하다.

3-5. 바이러스성 식중독

바이러스성 식중독은 감염형과 유사한 식중독 증상을 보이고 있으며, 주로 겨울철에 발생하는 특성을 갖고 있다. 바이러스성 식중독 증상을 야기하는 것은 노로바이러스와 로타바이러스가 있다. 바이러스성 식중독과 세균성 식중독의 큰 차이점은 바이러스성은 미량의 개체로도 발병이 가능하고, 2차 감염에 의해 대형 식중독을 유발할 가능성이 높다.

표 3-3 세균성과 바이러스성 식중독 비교

구분	세균	바이러스
특성	균의 증식 또는 독소생성	DNA 또는 RNA
증식	자체증식(영양공급 시)	자체증식 불가(기생)
발병량	대량(수천 ~ 수백만)	미량(10 ~ 100개)
증상	설사, 구토, 복통, 발열, 두통	설사, 구토, 복통, 발열, 두통
치료	항생제	치료약 없음
2차 감염	거의 없음	대부분 감염

1. 노로바이러스

1) 원인균

Norovirus(NoV)는 미국의 오하이오주의 Norwalk 지역에서 집단식중독환자의 분변에서 발견되었다고 하여 Norwalk-like viruses(NLVs)라고도 한다. 이 바이러스는 Group IV[(+)ssRNA]형이다. 바이러스성 식중독은 날씨가 추운 겨울에 많이 발생한다.

2) 원인식품 및 감염경로

감염은 사람에서 사람에게 직접적으로 일어나는 경우가 약 70%정도이고, 나머지가 음식물이나 오염된 물 등의 간접적인 경로를 통해 일어난다. 미량으로도 감염이 될 수 있으며, 감염된 식품이나 물을 섭취하였을 때, 감염자가 만진 기구나 식품을 섭취하였을 경우에 감염이 된다.

3) 증상

감염원에 노출된 후 12 ~ 48에 증상이 나타나고, 일반적으로는 3일 정도에는 회복된다. 전형적인 증상으로는 설사, 구토, 복통을 통한 탈수 증상이 있다. 노로바이러스 식중독은 연간 6.85억명이 감염되고, 그 중에 200,000만 명이 사망하는 것으로 보고되었다.

4) 예방

노로바이러스에 대한 백신은 아직 없으며, 손씻기, 조리대나 작업대의 소독, 치료를 위해서는 수분을 공급하거나 정맥을 통한 수분공급을 실시한다.

2. 로타바이러스

1) 원인균

로타바이러스는 double-stranded RNA를 가지고 있는 바이러스이다. Rota는 라틴어로 수레바퀴란 의미이며, 바이러스의 모양이 수레바퀴처럼 생겼다. 혈정형은 A-G의 7개형이 있으며, 사람에서 90%이상이 A형이다.

2) 원인식품 및 감염경로

주된 감염 경로는 분변을 통한 경구 감염(oral-face)이다. 유아에게 발생이 빈번하여 5세까지는 최소한 한번 정도는 감염되는 것으로 알려졌다. 감염된 사람이 조리한 식품이나 가열이 덜된 식품을 통하여 감염되기도 한다.

3) 증상

잠복기는 1 ~ 3일이며, 발열, 기침 등의 감기증상이 나타나고, 적절한 치료가 이루어지지 않으면 설사나 구토로 인한 탈수 증상이 있으며, 심한경우는 사망할 수도 있다.

4) 예방

유아에게 발병이 많고 전염성이 높아 단체 생활하는 어린이집이나 산후조리원에서는 위생환경을 개선할 필요가 있다. 약물이나 항생제에 의해 치료가 되지 않으나 백신이 개발되어 사용되고 있다.

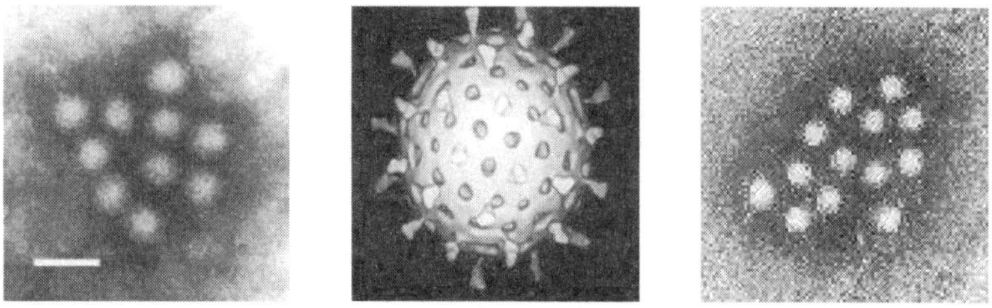

노로바이러스 로타바이러스 A형 간염 바이러스

그림 3-1. 바이러스

3. A형 간염 바이러스

1) 원인균

Hepatitis A *virus*(HAV)는 직경 27nm의 RNA 바이러스이며, 감염성 간염이라 질환을 일으킨다.

2) 원인식품 및 감염경로

사람이나 동물이 숙주가 되며, 분변이 경구(fecal-oral) 및 혈액을 통해 감염된다. 위생처리가 덜되었거나 사람이 많이 모인 곳에서나 부모로부터 감염되기도 한다. 아주 드물게는 혈액이나 혈액 관련제품을 통하여 감염된다. 오염된 물로 키운 조개류를 통하여 감염도기도 한다. 간염바이러스의 감염은 40%가 A형이다.

3) 증상

HAV는 잠복기가 10일정도이고, 증상은 발열, 권태감, 욕지기, 식욕감퇴, 복부 불쾌감이 있으며, 황달이 수반된다. 만성으로 발전하는 경우는 없다.

4) 예방

이 바이러스는 세제, 산(pH 1), 유기용매(ether, chloroform), 건조, 60℃ 이상에서도 저항한다. 깨끗한 물이나 소금물에서도 수 개월 생존이 가능하다. 음용수나 식당에서 전형적으로 발생한다. HAV 예방을 위해서는 음용수는 염소소독, 개인 위생으로는 손씻기 등을 철저히 한다.

제 3장 ☘ 연습문제 ☘

1. 식중독 중 해산어류를 통해 많이 발생하는 식중독은?
   ① 살모넬라균 식중독
   ② 클로스트리디움 보툴리늄균 식중독
   ③ 황색포도상구균 식중독
   ④ 장염 비브리오균 식중독

2. 장염비브리오 식중독균(*V. parahaemolyticus*)의 특징으로 틀린 것은?
   ① 해수에 존재하는 세균이다.
   ② 3~4%의 식염농도에서 잘 발육한다.
   ③ 특정조건에서 사람의 혈구를 용혈시킨다.
   ④ 그람양성균이며 아포를 생성하는 구균이다.

3. 다음 중 잠복기가 가장 짧은 식중독은?
   ① 황색포도상구균 식중독
   ② 살모넬라균 식중독
   ③ 장염 비브리오 식중독
   ④ 장구균 식중독

4. 세균성식중독과 병원성소화기계감염병을 비교한 것으로 틀린 것은?

	(세균성식중독)	(병원성소화기계감염병)
①	많은 균량으로 발병	균량이 적어도 발병
②	2차 감염이 빈번함	2차 감염이 없음
③	식품위생법으로 관리	감염병예방법으로 관리
④	비교적 짧은 잠복기	비교적 긴 잠복기

5. 알레르기성 식중독을 유발하는 세균은?

① 병원성 대장균(*E. coli* 0157 : H7)

② 모르가넬라 모르가니(*Morganella morganii*)

③ 엔테로박터 사카자키(*Enterobacter sakazakii*)

④ 비브리오 콜레라(*Vibrio cholerae*)

6. 60℃에서 30분간 가열하면 식품 안전에 위해가 되지 않는 세균은?

① 살모넬라균

② 클로스트리디움 보틀리늄균

③ 황색포도상구균

④ 장구균

7. 세균성 식중독에 속하지 않는 것은?

① 노로바이러스 식중독

② 비브리오 식중독

③ 병원성대장균 식중독

④ 장구균 식중독

8. 포도상구균의 특징이 아닌 것은?

① 감염형 식중독을 일으킨다.

② 내열성 독소를 생성한다.

③ 손에 상처가 있을 경우 식품 오염 확률이 높다.

④ 주 증상은 급성 위장염이다.

9. 식품에 오염된 미생물이 증식하여 생성한 독소에 의해 유발되는 대표적인 식중독은?

① 살모넬라균 식중독

② 황색 포도상 구균 식중독

③ 리스테리아 식중독

④ 장염 비브리오 식중독

10. 다음 중 살모넬라에 오염되기 쉬운 대표적인 식품은?

① 과실류

② 해초류

③ 난류

④ 통조림

11. 다음 중 항히스타민제 복용으로 치료되는 식중독은?

① 살모넬라 식중독

② 알레르기성 식중독

③ 병원성 대장균 식중독

④ 장염 비브리오 식중독

12. 일반적으로 식중독을 방지하는데 기본적으로 가장 중요한 사항은?

① 취급자의 마스크 사용

② 감염자의 예방접종

③ 식품의 냉장과 냉동보관

④ 위생복의 착용

13. 식중독에 관한 설명으로 틀린 것은?

① 자연독이나 유해물질이 함유된 음식물을 섭취함으로써 생긴다.

② 발열, 구역질, 구토, 설사, 복통 등의 증세가 나타난다.

③ 세균, 곰팡이, 화학물질 등이 원인물질이다.

④ 대표적인 식중독은 콜레라, 세균성이질, 장티푸스 등이 있다.

14. 경구전염병과 비교하여 세균성식중독이 가지는 일반적인 특성은?

① 소량의 균으로도 발병한다.

② 잠복기가 짧다.

③ 2차 발병률이 매우 높다.

④ 감염환(infection cycle)이 성립한다.

15. 노로바이러스에 대한 설명으로 틀린 것은?

① 발병 후 자연 치유되지 않는다.

② 크기가 매우 작고 구형이다.

③ 급성 위장관염을 일으키는 식중독 원인체이다.

④ 감염되면 설사, 복통, 구토 등의 증상이 나타난다.

16. 다음 중 독소형 식중독은?

① 장염 비브리오균 식중독

② 아리조나균 식중독

③ 포도상구균 식중독

④ 살모넬라균 식중독

17. 다음 중 세균성 식중독에 해당하는 것은?

① 감염형 식중독

② 자연산 식중독

③ 화학적 식중독

④ 곰팡이독 식중독

18. 식중독 예방과 가장 관련이 적은 것은?

① 식재료 및 기구의 청결

② 기생충 구제

③ 식품의 적절한 온도관리

④ 조리자의 위생관리

19. 세균성 식중독의 일반적인 특성으로 틀린 것은?

① 주요 증상은 두통, 구역질, 구토, 복통 설사이다

② 살모넬라균, 장염 비브리오균, 포도상구균 등이 원인이다.

③ 감염 후 면역성이 획득된다.

④ 발병하는 식중독의 대부분은 세균에 의한 세균성 식중독이다.

20. 손에 상처가 있는 사람이 만든 크림빵을 먹은 후 식중독 증상이 타났을 경우, 가장 의심되는 식중독 균은?

① 포도상구균

② 클로스트리디움 보툴리늄

③ 병원성 대장균

④ 살모넬라균

21. 황색 포도상구균의 특징이 아닌 것은?

① 균체가 열에 강함

② 독소형 식중독 유발

③ 화농성 질환의 원인균

④ 엔테로톡신(enterotoxin) 생성

22. *Staphylococcus aureus* 균이 분비하는 장독소가 원인이 되는 식중독은?

① 살모넬라 식중독

② 장염비브리오 식중독

③ 병원성대장균 식중독

④ 황색포도상구균 식중독

23. 음식을 먹기 전에 가열하여도 식중독 예방이 가장 어려운 균은?

① 포도상구균

② 살모넬라균

③ 장염비브리오균

④ 병원성 대장균

24. 혐기성균으로 열과 소독약에 저항성이 강한 아포를 생산하는 독소형 식중독은?

① 장염 비브리오균

② 클로스트리디움 보툴리늄

③ 살모넬라균

④ 포도상구균

25. 독소형 세균성 식중독으로 짝지어진 것은?

① 살모넬라 식중독, 장염 비브리오 식중독

② 리스테리아 식중독, 복어독 식중독

③ 황색포도상구균 식중독, 클로스트리디움 보툴리늄균 식중독

④ 맥각독 식중독, 콜리균 식중독

26. 살모넬라균에 의한 식중독의 특징 중 틀린 것은?

① 장독소(enterotoxin)에 의해 발생한다.

② 잠복기는 보통 12~24시간이다.

③ 주요증상은 메스꺼움, 구토, 복통, 발열이다.

④ 원인식품은 대부분 동물성 식품이다.

⑤ 60℃에서 30분간 가열하면 대부분 파괴된다.

27. 다음 중 감염형 식중독이 아닌 것은?

① 장출혈성 대장균 감염증

② 살모넬라균

③ 포도상구균

④ 장염 비브리오균

⑤ 캠피로박터 균

28. 다음 중 독소형 식중독균은

① 장출혈성 대장균 감염증

② 살모넬라균

③ 포도상구균

④ 장염 비브리오균

⑤ 캠피로박터 균

29. 세균으로 인한 식중독 원인물질이 아닌 것은?

① 살모넬라균

② 장염비브리오균

③ 아플라톡신

④ 보툴리늄독소

⑤ 엔테로톡신

30. 용혈성요독증후군을 일으키는 베로톡신을 생산하는 식중독균은 ?

① *Bacillus cereus*

② *Campylobacter jejuni*

③ *Staphylococcus aureus*

④ *Clostridium botulinum*

⑤ *Escherichia coli* O157:H7

31. 살균이 불충분한 통조림을 먹고 식중독이 일어났을 때 추정할 수 있는 원인균은 ?

① *Escherichia coli*

② *Clostridium botulinum*

③ *Salmonella enteritidis*

④ *Vibrio parahaemolyticus*

⑤ *Morganella morganii*

32. 바이러스 식중독에 대한 설명으로 옳은 것은 ?

① 2차 감염되는 경우가 거의 없다.

② 여름에 환자수가 급격히 증가한다.

③ 항생제 등을 사용하면 치료가 가능하다.

④ 수백만 이상의 많은 바이러스 입자에 의해서만 발병한다.

⑤ 원인식품은 굴 등의 패류, 오염된 식수, 가열하지 않은 과채류 등 이다.

33. 교차오염(cross contamination)에 의한 식중독 예방을 위해 꼭 필요한 조치로 옳은 것은 ?

① 식품을 냉장저장한다.

② 튀김조리시 중심온도를 확인한다.

③ 식품을 조리한 후 신속히 섭취한다.

④ 화농성 질환자의 조리업무를 금지한다.

⑤ 채소용 도마와 생선용 도마를 구분하여 사용한다

34. 감염독소형 식중독을 일으키는 세균은 ?

① *Salmonella enteritidis*

② *Campylobacter jejuni*

③ *Clostridium perfringens*

④ *Yersinia enterocolitica*

⑤ *Vibrio parahaemolyticus*

35. 소시지를 먹고 연하곤란, 복시, 실성 등의 증상이 일어났다면 추정할 수 있는 식중독 원인물질은 ?

① 솔라닌
② 뉴로톡신
③ 히스타민
④ 엔테로톡신
⑤ 테트로도톡신

01-④, 02-④, 03-①, 04-②, 05-②, 06-①, 07-①, 08-①, 09-②, 10-③, 11-②, 12-③, 13-④, 14-②, 15-①, 16-③, 17-①, 18-②, 19-③, 20-①, 22-①, 23-④, 24-①, 25-③, 26-①, 27-③, 28-③, 29-③, 30-⑤, 31-②, 32-⑤, 33-⑤, 34-③, 35-②

제 4장

자연독 식중독

식품위생학

우리가 일상적으로 식용하고 있는 동물성 및 식물성의 재료들은 성장 과정 또는 저장 중에 인체에 유해한 물질을 생성한다. 이들 중 일부는 인체에 가벼운 신체이상, 식중독, 급성 및 만성의 중독증, 알레르기, 발암 등을 일으킨다. 이러한 자연독 식중독 증상을 일으키는 원인으로는 식물성 자연독, 동물성 자연독 및 곰팡이에 의한 곰팡이독이 있다. 식물성 식중독에는 독버섯, 감자, 미숙한 매실 및 살구씨, 면화, 은행, 독미나리, 독공목, 붓순나무, 미치광이풀, 가시독말풀, 바꽃디기탈리스, 꽃무릇, 독보리 등이 있다. 동물성 식중독은: 복어, ciguatera중독, 돗돔, 바다메기(장갱이)기타 특수지질 및 지질 고함유 동물성 식품, 조개류, 고동류(권패류) 등이 있다.

4-1. 동물성 식중독

1. 어류

1) 복어 중독

복어독(tetrodotoxin, TTX)은 복어에 감염된 *Pseudomonas*나 *Vibrio* 균 등에 의해 생산되며, 복어 난소, 간장, 내장, 피부, 근육, 혈액 등에 존재한다. 복어의 종류에 따른 존재 부위가 다르며, 계절적 차이가 있다. 독소는 열에 매우 강하여 106℃에서 4시간 정도 가열하여도 파괴되지 않고, 물에 녹지 않으며 알칼리에 약하다. Tetrodotoxin은 소디움 이온의 세포내 유입을 억제하여 신경전달을 방해한다. Mouse에서 LD50 은 8ug/kg (복강), 180 ug/kg (경구)로 NaCN의 1,000배 정도이다. 중독 증상은 식후 2-3시간 내에 입술, 혀, 손끝이 저리고 구토, 복통, 두통이 있다.

특성은 약산성의 물에 용해되고, 내열성(106℃, 4시간 견딤)이 있으나 강산 및 강알카칼리에 의해 쉽게 분해된다.

테트로도톡신의 중독증상
제1단계: 지각마비-입술 주위나 혀끝, 손끝, 팔의 지각 마비
제2단계: 운동장애-운동장애, 지각마비, 언어장애, 호흡곤란, 혈압저하
제3단계: 완전마비-완전한 운동마비, 골격근마비, 손가락 못 움직임
제4단계: 의식소실-의식혼탁, 호흡정지, 사망

식품위생법(시행령 제36조)에서 "복어를 조리 · 판매하는 영업을 하는 식품접객업자는 국가기술자격법에 따른 복어 조리 자격을 취득한 조리사를 두어야 한다." 라고 규정하고 있으며, 내장, 알, 난소, 간, 피부 등은 독소가 많으므로 이들 부위를 먹지 않도록 한다.

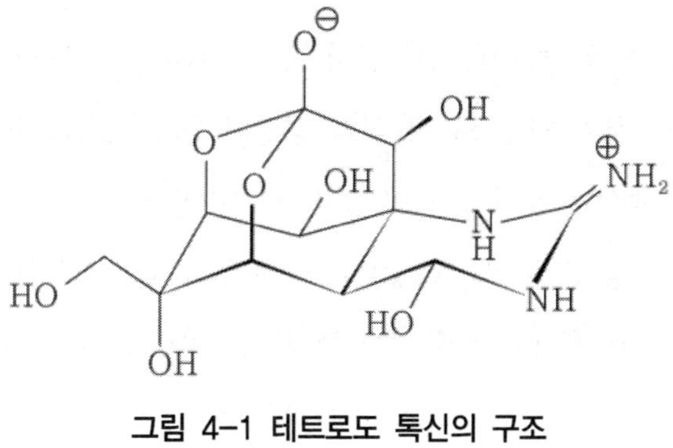

그림 4-1 테트로도 톡신의 구조

2) *Ciguatera*독

*Ciguatera*는 태평양의 열대나 아열대 해역, 카리브해, 인도양 등의 산호초 주변에서 서식하는 *Ciguatera*속 어류에서 나타나는 식중독 증상을 총칭한다. 플랑크톤인 *Gambierdiscus toxicus*로부터 생산된 독소에 의해 발생한다.

중독증상은 소화기계, 신경계 등에 이상이 생기며 통상 dry ice sensation이라고 하는 온도감각 이상이 수반되며, 치사율은 낮으나(1% 전후) 의식불명이 되어 사망하는 경우도 있다.

3) 기타

돗돔(sea bass) 중독은 간장에 과량의 vitamin A를 함유한다. 간장 부위를 식용 시 두통, 피부박리 등의 vitamin A 급성과잉증과 유사한 중독증상이 나타난다. 병어는 diacylglyceryl ether 다량 함유 하고 있어 과량 섭취 시 중독 증상을 나타낸다. 칼납자루는 고농도 지질 함유하고 있어 중독 증상을 나타낸다.

2. 조개류

1) Saxitoxin 식중독

Saxitoxin(STX)은 섭조개, 진주담치, 홍합, 대합조개 등의 중장선에 함유하고 있다. 적조 원인조류에 의해 생성되므로, 적조독이라 부르기도 한다. 중독 증상은 복어 중독 증상과 유사한 말초신경의 마비증상을 나타내므로 마비성 조개중독(paralytic shellfish toxin, PST)이라고도 한다. 조류와 cyanobacteria에 의해 생성되는 독소로 saxitoxin(STX), neosaxitoxin(NSTX), gonyautoxins(GTX), decarbamoylsaxitoxin (dcSTX) 등이 있다. 사람에서 LD50 은 5.7 μg/kg(경구) 이다. 우리나라에서는 부산, 거제도 등의 남해에서 사망자 등의 피해가 발생하였다.

중독 증상은 섭취 후 30분 무렵에 혀, 입술, 잇몸, 안면 등의 마비로 시작하여 사지가 마비되고 심해지면 언어장애 및 운동장애가 나타나며, 두통, 오심, 구토 등을 일으킨다. 마비가 진행되면 호흡마비로 사망한다. 마비증상의 기전은 삭시톡신이 신경세포의 Na^+ 채널에 선택적으로 흡수되어 세포내로의 Na^+ 유입을 차단하기 때문에 일어난다.

2) Venerupin 중독

베네루핀(venerupin)은 모시조개, 바지락, 굴 등에 의해 일어나는 식중독이다. 모시조개, 굴 등의 중장선(中腸線)에 고농도로 함유되어 있고, 독력은 계절에 따라 차이가 있어 1~4월에 높고 지역적 특이성이 있다. 독이 없는 조개를 유독지역에 이식하면 약 10일이 지나면 독력이 발생하며 반대로 유독지역의 조개를 무독지역에 이식하면 약 2주후에 무독화 된다. 이 독은 열에 안정하여 100℃, pH 5 ~ 8에서 1시간 가열하여도 파괴되지 않는다.

중독 증상은 섭취 후 1 ~ 2일 내에 증상이 나타나며 오한, 복통, 구토, 변비와 피하에 반드시 출혈 반점이 생기며, 특징적인 입냄새를 낸다. 출혈반점은 가슴, 사지, 등에 좁쌀 크기로 나타난다. 심해지면 토혈, 뇌증상이 나타나고 의식장해를 일으켜 사망한다. 치사율은 약 50% 정도이며, 예후가 좋지 않다.

3) 설사성 조개중독

설사성 조개류 중독(diarrhetic shellfish poisoning, DSP)은 검은조개, 큰가리비, 모시조개 등의 중장선에 함유되어 있으며, 독소는 지용성 okadaic acid, dinophysistone, pectenotoxin 등이 있다. 증상은 섭취 후 4시간 이내에 설사, 메스꺼움, 구토, 복통을 일으키며, 내열성이다.

4) Tetramine 중독

육식성인 권패소라고동과 조각매물고동 권패의 타액선에 함유된 tetramine $(CH_3)_4N^+$에 의해 발생한다. 섭취 후 30분 정도에 급성으로 발병하며 두통, 현기증, 메스꺼움 등의 증상이 나타난다.

4-2. 식물성 식중독

1. 버섯 중독

지구상에 존재하는 버섯의 종류는 30만 종 이상이고 알려진 것은 15,000종이라고 알려졌다. 이들 중에 식용이나 약용으로 이용하는 것이 100여 종이고 경제적 가치가 높은 것은 50여 종이며, 맹독성이 있는 버섯은 약 20여 종이 있는 것으로 알려졌다. 독버섯과 식용버섯의 구별은 어려우며, 버섯의 발생 시기나 생육정도에 따라 유독 정도가 다르게 나타나는 것으로 알려졌다. 버섯 중독 발생의 특징은 가족단위 발병과 치사율이 높은 것으로 알려졌다. 독버섯의 종류는 광대버섯, 알광대버섯, 파리버섯, 화경버섯 등이 있다. 대표적인 유독 성분은 muscarine, muscaridine, amanitatoxin, psilocybin, illudine, phalloidin 등이 있다.

1) Muscarine

Muscarine는 광대버섯으로부터 분리되었고, 외대버섯속이나 애주름버섯속의 버섯은 강한 독성을 지닌 것으로 알려졌다. 중독증상은 복용 후 15-30분이 지나면 침 분비가 증가하고 땀을 많이 흘리고 눈물이 나는 증상이 나타난다. 심한 경우에는 복통, 심한 구토, 설사, 시력 악화, 호흡 저하 등의 증상이 나타난다. 일반적으로 중독은 2시간 내에 회복이 되고 해독제로는 아트로핀이 사용된다.

2) Amanitatoxin

알광대버섯(*Amanita phalloides*), 독우산광대버섯, 흰알광대버섯 등에 함유되어 있으며 강력한 독성을 나타낸다. 이 독소는 amatoxin 군의 amanitin류는 α –amanitin, β –amanitin , γ –amanitin 등이 있으며, 독성이 매우 강하고 아급성으로 나타난다. Phallotoxin 군에는 phalloin, phalloidin, phalloisin 등이 있으며, 이들의 독성은 amatoxin 보다는 약하고 급성으로 나타난다. Amatoxin 군은 RNA 합성효소를 저해하여 단백질 합성을 저해하여 강한 독성을 나타낸다. 중독 증상으로는 침흘림, 구토, 혈변, 청색증, 경연 등이 있다. 치사율은 중독 10일 이내에 약 15%가 사망하며, amanitin의 LD50은 0.1 mg/kg(rats)이다.

3) Phaline

알광대버섯, 독우산광대버섯에 함유되어 있으며, 강한 독성을 나타낸다. 증상으로는 콜레라와 유사한 증산인 구토, 설사, 복통 증세를 보이며, 열에 약하여 가열로 파괴된다.

4) Neurine

대장균, 고초균 등의 부패균이 단백질에 작용하여 choline으로부터 생성된다. 증상은 침흘림, 호흡곤란, 설사, 경련, 사지마비 등 muscari ne과 유사한 증상을 보인다.

5) Agaricic acid

말굽잔나비버섯에 함유되어 있으며 주된 증상은 위장카타르, 설사, 구토 및 두통을 유발시킨다.

6) 독버섯 감별법

- 버섯의 줄기가 세로로 찢어지는 것은 무독하다.
- 색이 화려한 것은 유독하다.
- 악취가 나고 쓴맛, 신맛, 매운맛이 나는 것은 유독하다.
- 점성의 액 또는 유즙을 분비하거나 공기 중에 변색되는 것은 유독하다.
- 버섯을 끓였을 때 은수저를 넣으면 검게 변하는 것은 유독하다.
- 갓의 색깔은 매우 선명하며, 대부분 벌레 먹은 흔적이 없는 것은 유독하다.

※ 주의 : 독버섯의 감별법은 반드시 정확한 것은 아니므로 가능한 야외에서 채집된 것은 확실히 분별 가능한 것을 제외하고는 섭취하지 않도록 한다.

7) 치료

독버섯에 중독되었을 경우는 위를 세척을 하고 시간이 많이 경과했을 때에는 강심제, 포도당을 주사하는 것이 좋다. 일반적으로 후유증이 남으며, 근육변성 및 장기의 지방변성이 남는다. 대체적으로 치명률은 10~100%로서 독버섯의 종류에 따라 다르다.

2. 감자 중독

감자에 함유된 솔라닌은 미량이어서 별로 유해하지는 않으나, 발아부위와 일광에 노출되어 생성되는 녹색부위에는 0.1% 이상을 함유하고 있어 섭취 시에 식중독 증상을 일으킨다. Solanine($C_{45}H_{73}NO_{15}$)은 배당체로서 galactose, glucose 및 rhamnose가 결합된 형태이다.

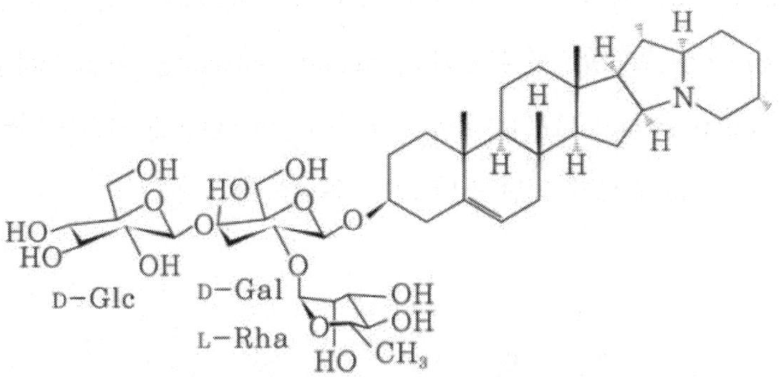

그림 4-2 솔라닌 구조

솔라닌은 생체 내에서 cholinesterase의 작용을 억제하여 여러 가지 장애를 야기한다. 위장관이나 신경계 장애를 야기하고, 중독증상으로는 복통, 설사, 구토, 발열, 의식불명, 언어장애, 현기증, 졸음 등을 야기한다. 또한 썩은 감자에는 sepsine이 생성되어 식중독 증상을 나타낸다.

3. 청매, 살구씨, 복숭아씨 중독

덜익은 매실, 쌀구씨, 복숭아씨에는 시안을 함유한 배당체로 amygdalin($C_{20}H_{27}NO_{11}$)이 존재하는데, 이것이 장내세균의 β -glucosidase(emulsin) 효소에 의해 생산되는 청산에 의해 식중독을 일으킨다. 청산은 치명율이 높은 독성분으로 cytochrome 산화효소의 활성을 저해함으로

써 체내의 호흡곤란, 호흡중추마비, 두통, 복통, 설사를 일으킨다.

Amygdalin은 그리스어로 almond(살구)라는 뜻이며, 살구(1.4%), 배(0.68%), 쓴아몬드(5%), 자두(0.04-1.7%)의 핵과류 씨와 사과씨(0.3%)에 들어 있다.

Amygdalin은 장내효소인 β-glucosidase(emulsin)의 가수분해와 amygdalase 효소에 의해 gentiobiose와 L-mandelonitrile를 생성한다. Gentiobiose는 포도당으로 분해되고, mandelonitrile는 benzaldehyde와 hydrogen cyanide으로 분해된다. Hydrogen cyanide(HCN) 일일섭취량이 0.6 mg 정도가 되면 시안(CN) 중독을 야기한다.

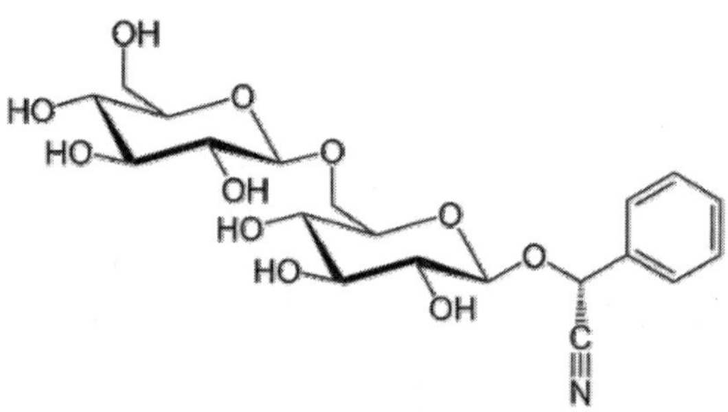

그림 4-3 아미그달린의 구조

4. 오색콩, 카사바, 수수 중독

오색콩(미얀마콩)과 카사바에는 phaseolunatin(일명: linamarin)이라는 청산 배당체가 함유되어 있다. 이것은 자체 효소에 의해 분해되어 청산을 생성하여 중독 증상을 나타낸다. 수수에는 dhurrin 이라는 시안배당체가 들어있고, 은행의 종자에도 청산 배당체가 들어있다. 청산은 구토, 복통, 설사 등의 소화기계 증상과, 호흡곤란, 전신강직성 경련, 호흡중추마비로 사망한다.

5. 면실에 의한 중독

목화씨로부터 짠 기름과 그 박에는 polyphenol 화합물인 gossypol이 함유되어 있다. 중독 증상은 생체 내에서 탈수소효소의 작용을 저해하고 심부전, 간비대, 간장해 및 황달의 증상이 나타난다. 중국에서는 남성 피임약으로 연구되었으며, 항암제와 항말라리아제의 가능성이 연구되고 있다.

6. 피마자 중독

Ricin은 lectin 성분으로 피마자의 씨에 함유되어있으며, LD_{50}이 22 mg/kg으로 독성이 매우 강하다. 피마자 외에도 많은 식물의 잎, 뿌리 및 콩과 식물에도 존재한다. 중독증상은 알레르기, 구토, 복통, 설사 증상을 일으키나 열에 쉽게 파괴된다. 생체 내에서 단백질 합성을 억제한다.

그림 4-4 피마자 열매

4-3. 곰팡이독

곰팡이독(mycotoxin)은 곰팡이가 생산하는 2차 대사산물로서 사람이나 동물에게 급 · 만성의 특수한 질병 및 생리작용을 일으키는 물질이며, 현재까지 100여 종류가 알려져 있다. 곰팡이는 식품의 곡류, 야채 및 과일류에 존재하여 이들 식품을 변질시키는 요인이 되며 경에 따라 중독 증상을 야기한다. 특히, 탄수화물이 풍부한 곡류, 옥수수와 땅콩 등에서 발생빈도가 높다. 우리나라 된장 발효에 주로 관여하는 *Aspergillus. oryzae*은 아플라톡신 생산 균주와 비슷하고 유전적인 유사성이 높기 때문에 아플라톡신이 재래식 된장 및 청국장 등에서 검출되기도 한다.

1. 아플라톡신 중독

1) 생성균 및 특성

아플라톡신(aflatoxin)은 *Aspergillus flavus*와 *Aspergillus parasiticus*가 생산하는 곰팡이독으로서 강력한 간암을 유발물질이다. *Asp. flavus* 및 *para-citicus*의 생육 조건은 온도 20~25℃ 이상, 상대습도 80% 이상, 수분활성도 0.8 이상 이며, 탄수화물이 풍부한 쌀 보리, 옥수수 등을 주요 기질로 한다.

Aflatoxin이라는 용어의 기원은 *Aspergillus flavus*로부터 생산되는 toxin 이라는 용어의 복합어이다. 곰팡이독의 대표적인 독이고, 1960년대 영국에서 칠면조 10만마리 이상이 곰팡이 오염된 사료를 먹고 폐사한 원인 물질로서 과거에는 Turkey X disease라고 불리웠다.

2) 종류 및 특성

아플라톡신은 자연계에 B_1, B_2, G_1, G_2 및 M_1, M_2 등 최소 14종류의 유도체가 알려져 있으며, 이들 중 B_1의 독성이 가장 강력한 것으로 알려졌다. 아플라톡신 B_1은 동물 체내 대사에 의해 아플라톡신 M_1과 M_2로 되어 우유에 유래되므로 milk toxin이라고도 한다. 아플라톡신 M_1은 B_1 다음으로 독성이 강하며 간장의 산화효소에 의해서 B_1에서 아플라톡신 M_1으로 전환된다. 아플라톡신의 분리도구인 TLC 플레이트 상에서 용매로 전개시킨 후 자외신 조사하면 청색(blue)을 나타나므로 B_1, B_2라하고 녹황색(green)을 나타내는 것은 G_1, G_2로 부른다. 강산이나 강알칼리에 의해 분해되나 열은 280 ~ 300℃ 정도에서 분해되므로 일반적인 조리법으로는 제거되지 않는다.

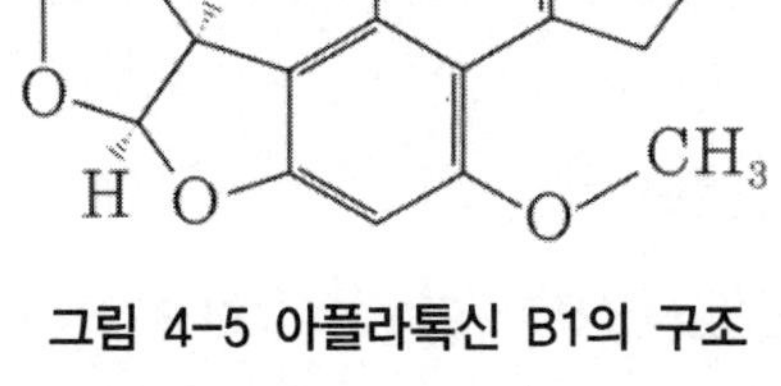

그림 4-5 아플라톡신 B1의 구조

3) 아플라톡신의 독성

아플라톡신의 동물에 대한 급성 독성은 아플라톡신 B_1이 가장 강하고 M_1, G_1, B_2, G_2 및 M_2 순이며, 아플라톡신 B_1은 rat 및 다른 실험동물을 이용한 실험에서 매우 강력한 간암 유발물질이라고 알려져 있다. 우리나라의 식품 내 허용치는 10 ug/kg(Aflatoxin B1, 10 ppb)이하로 설정하고 있다. 증상은 급성보다 만성독성이 더 위험하며 간암을 유발한다.

2. Ochratoxin 중독

원인균은 *Aspergillus ochraceus*와 *Penicillium verrucosum* 등이며 쌀, 땅콩 및 옥수수 등에서 발생된다. Ochratoxin은 A, B, C 등 3종이 알려졌으며, 그 중 A의 독성이 가장 강한 것으로 알려졌다. 독성은 신장 장애 및 지방변성을 야기한다.

3. 황변미 중독

황변미는 곡물의 건조가 불충분하여 수분 함량이 14% 이상 함유한 쌀에 곰팡이가 발생하여 생성된 대사산물에 의해 쌀이 황색으로 변색된다. 주로 *Penicillium*속의 곰팡이에 의해 생긴다.

표 4-1 황변미 독소의 특성

독소	증상	곰팡이
Cittreoviridin	신경독: 경련, 호흡장애, 호흡마비	*Penicillium citreoviride*
Islanditoxin	간장애: 간세포병변, 간암	*Penicillium islandicum*
Citrinin	신장독: 만성신장염	*Penicillium citrinum*

4. 붉은 곰팡이 독(Fusarium 균)

1) scabby grain toxicosis (**붉은 곰팡이 보리에 의한 중독**)

- 원인: *Fusarium graminearum* 감염된 보리로부터의 중독
- 증상: 장관비대, 흉선의 위축, 간장/비장 비대

2) 식중독성 무백혈구증 (Alimentary toxic leukemia)

- 원인: 저온성의 *Fusarium poae, F sporotrichioides* 등에 오염된 식품에서 발생
- 증상: 메쓰꺼움, 구토, 설사, 백혈구 감소, 피부 출혈반, 패혈증

3) zearalenone 중독

- 원인: *Fusarium graminearum*으로부터 생성된 진균독 (F-2 toxin), 오염된 보리, 옥수수에 의해 발
- 증상: estrogen성 염증 유발(hyperestrogenisum) 생식기 이상 (소량투여 시 성장촉진 효과) 및 유산 유도

5. 맥각 중독

맥각이란 우기에 맥류에 기생하는 *Claviceps purpurea*(맥각균)이 보리, 밀 호밀 등의 개화기에 씨방에서 발생하는 흑갈색의 균핵을 말한다. 균핵은 ergotoxin 및 ergotamine 및 tyramine 등의 아민으로 구성되었다. 곡물 중에 맥각을 0.25-0.5% 정도 혼입되어 있으면 독성이 나타나고 7% 이상이면 치명적이다.

중독 증상은 급성위장증상과 신경증상이며, 임신부의 경우 조산 또는 유산을 일으키기도 한다.

6. 곰팡이 중독의 예방 : 치료보다 예방이 중요

1) 농산물의 곰팡이 오염방지
2) 곡류의 건조, 저온 저장
3) 가공 시 오염재료 제거
4) 곰팡이 오염 식품의 제거

제 4장 ☘ 연습문제 ☘

1. 다음 중 독버섯의 유독 성분은?

① 솔라닌

② 무스카린

③ 아미그달린

④ 테트로도톡신

2. 간장독을 일으키는 곰팡이독은?

① 파툴린(patulin)

② 시트리닌(citrinin)

③ 말토리진(maltoryzine)

④ 아플라톡신(aflatoxin)

3. 다음 중 독버섯의 유독 성분은?

① 셉신

② 아미그달린

③ 시큐톡신

④ 마이코톡신

4. 일반적으로 복어의 독성이 가장 강한 시기는?

① 2~3월

② 5~6월

③ 8~9월

④ 10~11월

5. 살모넬라(Salmonella)균으로 인한 식중독에 대한 설명으로 틀린 것은?

① 주요 증상으로 급성위장염을 일으킨다.

② 주로 통조림 등의 산소가 부족한 식품에서 유발된다.

③ 장내세균의 일종 이다.

④ 계란, 육류 및 어육가공품이 주요 원인식품이다.

6. 식품과 관련 독소의 연결이 잘못된 것은?

① 감자- 솔라닌

② 목화씨- 고시폴

③ 바지락- 엔테로톡신

④ 모시조개- 베네루핀

7. 황변미 중독은 14~15% 이상의 수분을 함유하는 저장미에서 발생하는 쉬운데 그 원인 미생물은?

① 곰팡이

② 세균

③ 효모

④ 바이러스

8. 곰팡이 독으로서 간장에 장해를 일으키는 것은?

① 시트리닌(citrinin)

② 파툴린(patulin)

③ 아플라톡신(aflatoxin)

④ 솔라렌(psoralens)

9. 식품과 자연독의 연결이 틀린 것은?

① 독버섯- 무스카린(muscarine)

② 감자–솔라닌(solanine)

③ 살구씨–파세오루나틴(phaseolunatin)

④ 목화씨–고시폴(gossypol)

10. 다음 복어의 부위 중 독소 양이 가장 많은 것은?

① 간장

② 안구

③ 껍질

④ 근육

11. 감자의 발아부위와 녹색부위에 있는 자연독은?

① 에르고톡신

② 무스카린

③ 테트로도톡신

④ 솔라닌

12. 은행, 살구씨 등에 함유된 물질로 청산 중독을 유발할 수 있는 것은?

① 리신(ricin)

② 솔라닌(solanine)

③ 아미그달린(amygdalin)

④ 고시폴(gossypol)

13. 곰팡이독(mycotoxin)과 관계 깊은 것은?

① 엔테로톡신(enterotoxin)

② 라이신(lysine)

③ 아플라톡신(aflatoxin)

④ 테트르도톡신(tetrodotoxin)

14. 식품과 해당 독성분의 연결이 잘못된 것은?

① 복어-테트로도톡신(tetrodotoxine)

② 목화씨-고시폴(gossypol)

③ 감자– 솔라닌(solanine)

④ 독버섯– 베네루핀(venerupin)

15. 곰팡이의 대사 산물에 의해 사람이나 동물에 질병이나 생리적 장애를 유발하는 물질군은?

① 식물성 자연독

② 동물성 자연독

③ 진균독

④ 권패류독

16. 곰팡이 독으로서 간장에 장해를 일으키는 것은?

① 시트리닌(citrinin)

② 파툴린(patulin)

③ 아플라톡신(aflatoxin)

④ 솔라렌(psoralens)

17. 감자의 발아부위와 녹색부위에 있는 자연독은?

① 에르고톡신

② 무스카린

③ 테트로도톡신

④ 솔라닌

18. 식품과 자연독의 연결이 틀린 것은?

① 독버섯- 무스카린(muscarine)

② 감자–솔라닌(solanine)

③ 살구씨–파세오루나틴(phaseolunatin)

④ 목화씨–고시폴(gossypol)

19. 복어와 모시조개 섭취 시 식중독을 유발하는 독성물질을 순서대로 나열한 것은?

① 엔테로톡신(enterotoxin), 사포닌(saponin)

② 테트로도톡신(tetrodotoxin), 베네루핀(venerupin)

③ 테트로도톡신(tetrodotoxin), 듀린(dhurrin)

④ 엔테로톡신(enterotoxin), 아플라톡신(aflatoxin)

20. 곰팡이 독소와 독성을 나타내는 곳을 잘못 연결한 것은?

① 아플라톡신(aflatoxin)– 신경독

② 오클라톡신(ochratoxin)– 간장독

③ 시트리닌(citrinin)– 신장

④ 스테리그마토시스틴(sterigmatocystin)– 간장독

21. 식품과 독성분의 연결이 틀린 것은?

① 독보리- 테물린(temuline)

② 섭조개- 삭시톡신(saxitoxin)

③ 독버섯- 무스카린(muscarine)

④ 매실- 베네루핀(venerupin)

22. 식물성 자연독 성분이 아닌 것은?

① 무스카린(muscarine)

② 테트로도톡신(tetrodotoxin)

③ 솔라닌(solanine)

④ 고시폴(gossypol)

23. 독미나리에 함유된 유독성분은?

① 무스카린(muscarine)

② 솔라닌(solanine)

③ 아트로핀(atropine)

④ 시큐톡신(cicutoxin)

24. 복어 중독을 일으키는 독성분은?

① 테트로도톡신(tetrodotoxin)

② 솔라닌(solanine)

③ 베네루핀(venerupin)

④ 무스카린(muscarine)

25. 바지락 속에 들어 있는 독성분은?

① 베네루핀(venerupin)

② 솔라닌(solanine)

③ 무스카린(muscarine)

④ 아마니타톡신(amanitatoxin)

26. 식품과 자연독의 연결이 맞는 것은?

① 독버섯—솔라닌(solanine)

② 감자–무스카린(muscarine)

③ 살구씨–파세오루나틴(phaseolunatin)

④ 목화씨—고시폴(gossypol)

27. 대합조개의 독성분은?

① 솔라닌(solanine)

② 콜린(choline)

③ 삭시톡신(saxitoxin)

④ 무스카린(muscarine)

28. 드라이아이스 센세이션(dry ice sensation)이라고 하는 냉온감각이상을 일으키는 식중독 독성분은 ?

① temuline

② saxitoxin

③ tetramine

④ ciguatoxin

⑤ hyoscyamine

29. 중독성 조개류의 일반적 성질로 옳은 것은 ?

① 원인 독성물질은 조개의 체내에서 형성된다.

② 조개의 서식지와 독성분의 축적은 관계가 없다.

③ 조개의 독성물질은 조리시 열에 의해 파괴된다.

④ 중독성 물질은 중장선이나 흡·배수공에 축적된다.

⑤ 유독 조개류는 외관이나 맛, 냄새로 구별이 가능하다

30. 재래식 메주에서 문제가 될 수 있는 독성분은

① aflatoxin

② amygdalin

③ ergotoxin

④ tetrodotoxin

⑤ trichodermin

31. 황변미 원인균과 독소 및 침해 부위가 알맞게 연결된 것은 ?

① *Penicillium citrinum*– citrinin– 신경독

② *Penicillium patalum*– patulin– 신장독

③ *Penicillium islandicum*– islanditoxin– 신경독

④ *Penicillium chrysogenum*– luteoskyrin– 신장독

⑤ *Penicillium citreoviride*– citreoviridin– 신경독

32. 호밀, 귀리, 보리 등에 서식하는 곰팡이가 생성하는 맥각독은

① ergotoxin

② aflatoxin

③ ochratoxin

④ zearalenone

⑤ trichothecene

33. 곰팡이독 중독증(mycotoxicosis)의 특징으로 옳은 것은 ?

① 일종의 감염형이다.

② 치료에 항생물질이 효과가 있다.

③ 사람에서 사람으로 이행되지 않는다.

④ 단백질이 풍부한 축산물을 원인식품으로 하는 경우가 많다.

⑤ 수용성 화합물이 많으므로 급성 중독을 일으키는 경우가 많다.

34. 식품에서 자연적으로 발생하는 유독물질을 통해 식중독을 일으킬 수 있는 식품과 가장 거리가 먼 것은?

① 피마자

② 표고버섯

③ 미숙한 매실

④ 모시조개

⑤ 고사리

01-②, 02-④, 03-①, 04-②, 05-②, 06-③, 07-①, 08-③, 09-③, 10-①, 11-④, 12-③, 13-③, 14-④, 15-③, 16-③, 17-④, 18-③, 19-②, 20-①, 21-④, 22-②, 23-④, 24-①, 25-①, 26-④, 27-③, 28-④, 29-④, 30-①, 31-⑤, 32-①, 33-③, 34-②

제 5장

화학적 식중독

식품위생학

화학적 식중독(Chemical food poisoning)은 식품의 조리 · 가공 또는 생활 환경에서 의도적 및 비의도적으로 첨가된 화학물질이 함유된 식품을 섭취하여 발생되는 식중독 증상을 말한다. 화학성 식중독의 특징은 체내 흡수가 빨라 급성증상, 기후와 계절에 무관, 때와 장소에 관계없이 발생, 집단적 및 대규모화로 발생한다.

화학적 식중독의 유형은 유해성 식품첨가물 및 중금속이 고의 또는 과실에 의해 첨가되는 경우, 식품의 제조 가공 중 우연히 혼입되는 경우 및 기구 · 용기 · 포장 재료 등에 의해 식품으로 이행된 경우, 식품의 제조 · 가공 · 저장 중에 화학적 변화에 의해 발생하는 경우, 그리고 환경 오염물질이 원인이 되는 경우이다.

5-1. 식품첨가물

1. 유해착색료 (특히 타르색소)

착색료는 식품 가치를 높이기 위해 착색하는데 사용되는 첨가물을 말한다. 유해 착색료 중 타르색소는 값이 싸고 색이 선명하여 많이 사용되어 왔다. 이들 중 일부는 유해성이 알려졌고 급성보다는 만성중독의 문제가 있는 것으로 알려졌다. 현재는 식용타르색소 11종과 알루미늄 레이크 8종 및 비타르계 8종이 사용 허가가 되어있다. 산성보다는 염기성 타르색소가 불법으로 많이 사용되고 있다.

1) 오우라민(auramine)

황색의 염기성 타르색소로서 과거 일본에서 단무지, 과자, 면류, 카레가루에 사용된 바 있으나 독성으로 인해 사용이 금지되었다. 다량 섭취하고 20-30분이 지나면 흑자색의 반점이 나타나고 두통, 구토, 사지마비, 맥박감소 및 심계항진, 의식불명을 일으킨다. 간장에 대한 발암성도 의심이 된다.

그림 5-1 a. 오우라민의 구조

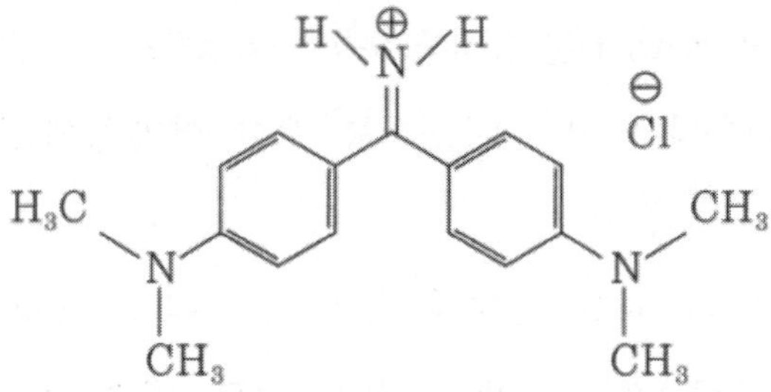

그림 5-1 b. 로다민의 구조

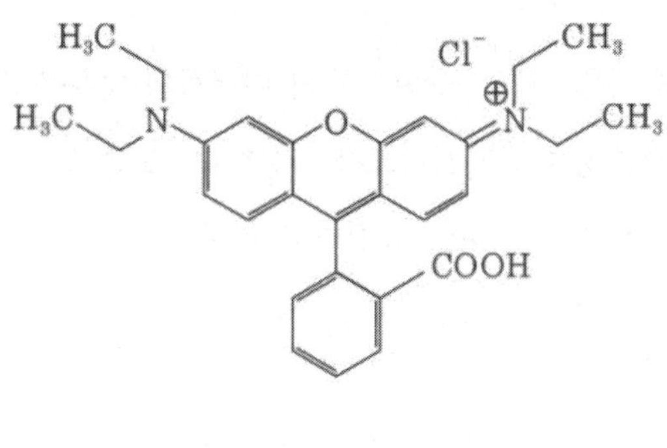

2) 로다민B(rhodamin B)

핑크색의 염기성 타르색소로서 일본에서 과자, 어묵(분홍생 어묵), 생강, 우메보시(일본 매실장아찌), 토마토케찹 등에 불법으로 사용되어 왔다. 중독증상은 전신 착색, 핑크색 오줌, 부종 등이 나타난다.

3) 파라 니트로아닐린(ρ -nitroaniline)

황색 합성 착색료로 지용성이며 섭취 시 혈액독 및 신경독으로 작용한다. 일본에서 이 착색료를 섭취한 사람에게서 안면홍조, 심계항진, 청색증 및 황색소변 등의 증상이 나타났다.

4) 기타

실크스카렛(silk scarlet)은 등적색 수용성 타르색소로 일본에서 대구알에 착색제로 사용되어 구토, 복통, 두통, 오한, 마비 등의 증상을 나타낸 일이 있다.

자색계로 methyl violet는 팥앙금, 황색계로 butter yellow 및 spirit yellow(마가린), 적색계로 sudan III는 가짜 고춧가루, 녹색계인 malchite green은 양식어류에 사용되어 문제가 되고 있다.

2. 유해보존료

보존료는 식품 중의 세균, 곰팡이 등의 미생물의 발육을 억제하고 부패를 방지하여 보존성을 증가시키고자 사용한다. 보존료는 식품에 따라 사용량과 종류가 엄격히 정하여 규정하고 있다.

1) 붕산(H_3BO_3)

붕산은 점막이나 눈 세척의 소독제로 사용되어 왔다. 식품에는 햄, 베이컨, 마아가린, 버터, 크림의 방부제로 사용된 적이 있다. 체내에 축적되면 소하불량, 체중감소, 두통, 설사, 홍반 등이 나타나고, 심하면 혼수상태에 이를 수 있어 사용이 금지되었다.

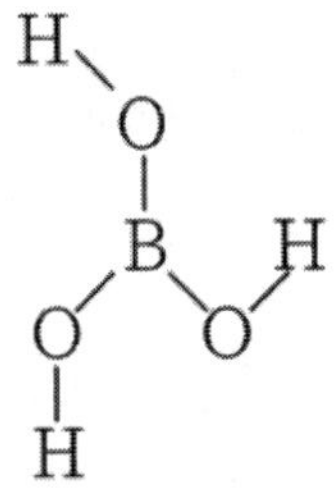

그림 5-2 a. 붕산의 구조

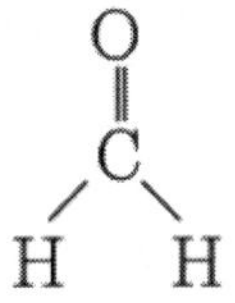

그림 5-2 b. 포름알데히드의 구조

2) 포름알데히드(formaldehyde)

포름알데히드는 특유의 냄새를 가진 무색의 기체로서 단백질 변성에 의한 살균력을 나타낸다. 이것의 수용액이 포르말린(formalin)으로 주류, 유제품 및 육제품, 간장 및 주류에 고의로 사용된 적이 있다. 강력한 살균력과 방부제효과로 식품에 사용이 금지되었다. 자연적으로 formaldehyde는 대구, 명태 및 표고버섯 등에 함유하고 있다. 중독 증상은, 두통, 위경련, 순환장애, 현기증, 호흡곤란 및 호흡기 손상을 야기한다.

3) 기타

베타 나프톨(β -naphtol)은 곰팡이 생육억제 효과가 크기 때문에 간장의 표면에 생기는 흰곰팡이 제거용으로 사용된 적이 있다. 중독 증상으로 단백뇨증 및 신장장해와 두통, 복통, 설사, 경련, 현기증 등의 급성 증상을 나타낸다.

살리실산(salicylic acid)은 약산성의 항균효과가 우수하여 청주, 과실주, 식초 등의 보존료로 사용된 적이 있다. 다량 섭취 시 위점막의 자극에 의한 오심, 구토, 심한 두통이 따른다. 주로 여드름 세척제나 샴푸의 첨가 성분으로 사용된다.

3. 유해감미료

감미료는 식품에 단맛이 나게 하여 식욕을 돋우기 위해 사용되는 첨가물이다. 감미를 증진시키기 위해 사용된 인공감미료 중 일부는 독성을 야기하여 사용이 중지되었으며, 다량 섭취할 경우 중독을 일으키므로 주의해야 한다.

1) 둘신(dulcin)

둘신은 설탕의 200 ~ 250배 정도의 감미도를 갖고 있으며, 사카린나트륨과 함께 쓰면 설탕의 400배 정도로서 청량음료, 고자 및 절임류에 많이 사용되어왔다. 동물실험 결과 혈액독으로, 간장, 신장 장해, 간종양이 발생하여 1966년부터 불허용 식품첨가물로 지정되었다.

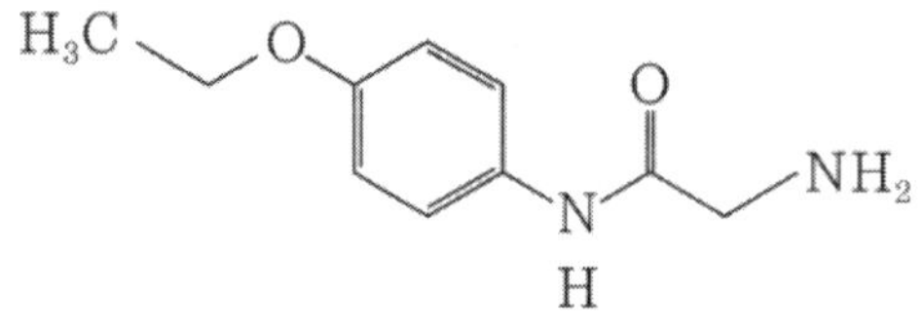

그림 5-3 a. 둘신의 구조

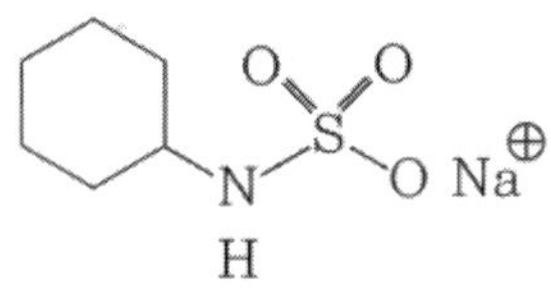

그림 5-3 b. 싸이클라메이트의 구조

2) 싸이클라메이트(cyclamate)

설탕의 30 ~ 50배 정도 감미를 갖고 있고 설탕과 비슷한 청량감을 가져 식품에 많이 사용되어 왔으나, 장내세균에 의해 발암물질인 사이클로헥실라민(cyclohexylamine)이라는 물질을 생산하는 밝혔다. 이것이 쥐에서 방광암 및 최기형을 발생하는 것으로 알려져 1970년도에 사용이 중지되었다.

3) 파라 니트로 올소 톨루이딘(p-nitro-o-toluidine)

파라 니트로 올소 톨루이딘은 설탕 200배의 감미도를 가지며, 일본에서 대량으로 사용하여 중독사고가 많아 살인당이라고 부른다. 섭취 후 2-3일 후에 위통, 식욕부진, 권태감, 황달, 간성혼수 및 사망에 이르게 한다. Scarlet G base라고도 부르며, 화약 및 물감의 제조 원료로 사용한다.

4) 에틸렌글리콜(ethylene glycol)

에틸렌글리콜은 단맛이 나는 무색의 액체로서 자동차의 부동액으로 사용된다. 감주나 팥 앙금의 감미를 내는데 사용되기도 하였다. 섭취하면 체내에서 산화되어 수산으로 되어 뇌나 신경 기능에 이상을 나타내고 구토, 빈뇨, 호흡곤란 등을 일으키고 심해지면 사망하게 한다.

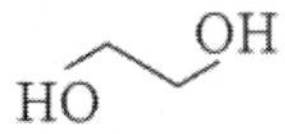

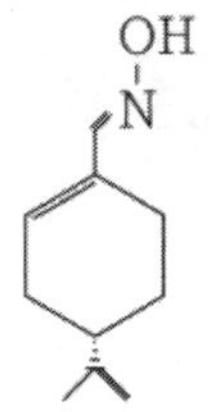

그림 5-4 a. 에틸렌글리콜의 구조　그림 5-4 b. 페릴라틴의 구조

5) 페릴라틴(perillartine)

차조기(자소)씨에서 추출한 기름인 자소유 중의 한 성분으로 자소당이라 부른다. 설탕의 2,000배 정도 감미도를 가지며 나물, 김치, 우메보시(일본의 매실짱아찌) 제조시 이용 하였다. 섭취 시에 타액에 의하여 알데히드(aldehyde)로 분해된 후, 신장을 자극하여 염증을 유발한다.

4. 유해표백제

표백제는 화학물질의 강력한 산화 · 환원 작용을 이용하여 식품가공, 제조 시 식품의 색을 아름답게 하기 위해 사용되는 식품첨가물이다.

1) 롱갈리트(rongalit)

롱갈리트는 포름알데히드(formaldehyde)에 산성아황산나트륨을 축합시켜 환원시켜 만든 것이다. 식품에 사용 시 수분에 의해 아황산이 유리되어 표백효과를 발휘하는데 이 때에 상당량의 포름알데히드가 유리되어 신장 독성을 나타낸다. 물엿이나 연근의 표백제로 사용하여 식중독을 일으킨다.

2) 삼염화질소(NCl_3, nitrogen trichloride)

삼염화질소는 황색의 위발성 액체로서 미국에서 밀가루의 밀가루의 표백과 숙성에 사용되었다. 이것으로 처리된 밀가루로 개를 사육하면 히스테리성 증상을 나타내어 사용이 금지되었다.

3) 과산화수소

과산화수소(H_2O_2)는 표백제와 살균제로 어묵이나 국수 등에 제한 없이 사용되어 왔으나, 일본에서 과산화수소 처리한 국수를 먹고 인후통과 메스꺼움을 나타내었다고 한다. 식품과 의약품 제조시에 살균제 및 표백제로 사용이 가능하나 최종 제품에는 잔류해서는 안 된다고 명시하고 있다.

4) 아황산염

아황산염은 사용이 허용된 환원성 표백제로 사용기준이 설정되어 있으나 과량 섭취 시 구토, 설사, 발열 등의 증상을 나타내며, 식품마다 사용량이 지정되어 있다. 보통 도리지, 연뿌리, 박고지, 곤약분 등에 사용한다.

5-2. 농약에 의한 중독

농약은 농업용 살균, 살충 및 제초의 목적으로 많은 종류가 사용되고 있다. 농산물 재배 시에 해충이나 잡초 제거를 사용된 농약은 일차적으로 농산물에 잔류 및 토양을 오염시키고, 이차적으로 하천이나 해양을 통한 수질오염을 동반한다.

1) 유기인제

유기인제는 살충제로 탁월한 효과를 나타내나 독성이 강하여 급성중독 사고가 많이 일어난다. 유기인제의 종류로 파라티온, 말라티온, EPN, 다이아지논 등이 있다. 생체 내에서 콜린에스테라제(cholinesterase)의 작용을 억제하여 아세틸콜린(acetylcholine)이 축적되어 과도한 신경전달에 따라 자율신경 및 중추신경계 증상을 야기한다. 일반적인 증상은 복통, 설사, 구토 증상이 나타나고 심하면 중추신경이상 및 호흡곤란으로 사망하는 경우도 있다. 이를 예방하기 위해서는 농약을 많이 주는 과일과 채소는 세제로 세척한 다음 섭취해야 한다. 유기인제는 에스테르결합을 하고 있기 때문에 비교적 분해가 잘 되어 잔류독성은 큰 문제가 되지 않는다.

2) 유기염소제

유기염소제는 살충제, 살균제 및 제초제로 널리 사용되고 있다. 살충제로는 DDT(Dichloro Diphenyl Trichloroethane), DDD(dichlorodiphenyldichloroethane), BHC(benzene hexachloride), 알드린(aldrin), 엔드린(endrin) 등이고, 제초제로는 PCP, 2,4-D 등이 사용되어 왔으며, DDT와 BHC는 사용금지 농약이다. 이 농약은 유기인제에 비하여 가격도 저렴하고 살충효과도 크고 사람과 동물에 대한 급성중독도 적어 많이 사용되어 왔다. 그러나 유기염소제는 반감기가 길어 잔류성이 2-15년 정도로 길고 지용성이기 때문에 인체의 지방조직에 축적되는 문제점이 있어서 여러 나라에서 사용을 엄격히 제한하고 있다. DDT는 간질과 유사한 중추신경흥분작용을 일으키고 식욕부진, 구토, 복통, 현기증, 수족마비, 경련 등을 일으키고 심하면 혼수상태 후에 사망에 이르며, 내분비계교란물질로도 작용한다. BHC는 DDT와 유사한 경련, 호흡곤란, 호흡중추마비에 따른 사망에 이른다.

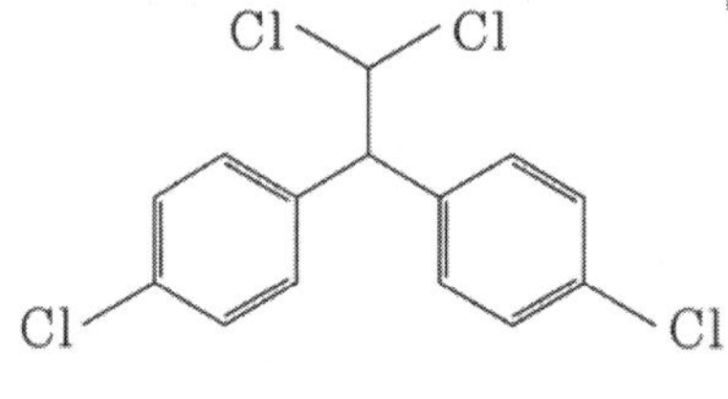

그림 5-5 a. DDD의 구조

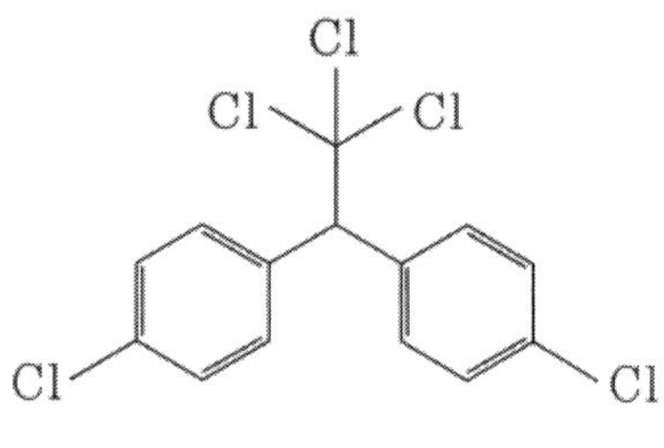

그림 5-5 b. DDT의 구조

3) 유기수은제

유기수은제는 종자소독, 콩나물 재배, 벼의 도열병 방제 등에 다양하게 사용되다가 지금은 독성으로 인하여 사용이 금지되었다. 유기수은 종류는 PMA(phenylmercuric acetate, 페닐초산수은), MEMC(methoxyethylmeucric chloride, 염화메톡시에틸수은) 등이 있다. 인체에 축적되어 만성 중독을 일으키고 중추신경장애에 따른 시력, 언어, 보행, 사지마비, 경련 등을 일으킨다.

4) 카바마이트제

카바마이트제는 살충제 및 제초제로 사용된다. 살충제로는 carbaryl, PHC, BPMC 등이, 제초제로는 barban 및 chlorpropham, 살균제로는 benomyl이 있다.

유기인제와 같이 콜린에스테라제(cholinesterase)의 작용 저해제이나 유기인제에 비하여 가역적이다. 사람과 동물에 대하여 독성이 낮고 체내에서 대사가 빨라 만성중독의 위험은 없다. 피부의 흡수되지 않아 급성중독이 일어난 경우는 없다.

5) 유기비소제

유기비소제는 살충제나 살균제로 사용된다. 참투성이 강하여 사람과 동물에 침투하여 축적되는 성질을 갖고 있다. 살충제로는 비산납, 비산석회 및 비산망간이, 살균제로는 아소진, 네오아소진 등이 사용된다.

생체 내에 침투하면 단백질의-SH기(메르캅톨기, 셀프하이드릴기)와 결합하여 단백질을 변성시켜 효소를 불활성화 시켜 그 기능을 못하게 한다. 급성증상은 소화기, 심혈관, 중추신경계, 아급성은 침울, 무감각, 식욕감퇴 등, 만성증상은 쇠약, 피로, 근육통, 손톱의 횡초백선(Mee's line)이 생긴다.

6) 유기불소제

유기불소제는 살충제, 살서제, 살비제로 사용된다. 살서제로는 프라톨(fratol), 진딧물에는 푸솔(fussol) 및 니솔(nissol)이 있다. 이들은 독성이 매우 강하며 체내에서 아코니타제(aconitase)의 작용을 저해하여 구연산회로(TCA cycle)에서 구연산의 분해를 억제하여 축적작용을 일으킨다. 중독증상으로 심장장해와 중추신경 이상이 나타나고, 경증일 때는 전신위화감, 두통, 복통, 구토, 현기증, 중증일 때는 보행장애, 언어장애, 간질 및 경련, 심장장애에 따른 심부전으로 사망에 이른다.

5-3. 중금속

중금속이라 함은 비중이 4.0 이상의 금속이고, 4.0 이하이면 경금속이라 한다. 식품공전에서는 금속으로 구성되어 있으면 금속제로 정의한다.

1. 수은

수은은 무기수은과 유기수은으로 존재하는데, 무기수은은 주로 승홍($HgCl_2$) 처럼 소독약으로 사용하고, 유기수은 메틸(에틸)수은이 있다. 무기수은은 적당한 조건에 형성되면 생태계에서 유기수은으로 전환되고, 독성은 유기수은이 더 강하다. 1956년 일본의 구마모토현 미나마타만에서 잡은 조개 및 어류를 먹은 주민들에게서 집단적으로 식중독 증세 발생하였다. 원인은 인근 화학공장에서 배출한 메틸수은이 생태계를 통하여 조개류나 어류에 농축되어 발생한 사건이다. 주요 증상은 구역질, 구토, 권태 등과 중추신경계 이상에 의한 지각이상, 난청, 언어장해,

운동실조, 정신장해 등이 발생하며, 이를 미나마타병이라 한다.

2. 카드뮴(Cd)

카드뮴은 광산, 도금, 제련공장의 폐수에 많이 존재하는 중금속으로 식품 재료나 용기의 중금속 위생과 밀접한 관계가 있다. 식품재료의 혼입, 기구, 식기, 도금된 용기 등에서 용출되는 중금속으로 주로 만성중독 증상을 나타내는데 증상은 이타이이타이병 이라고 한다. 드물게는 급성으로 구토, 설사, 복통 등의 증상을 나타내며, 칼슘이나 인의 소실에 따른 골연화를 초래한다.

3. 납(Pb)

납은 자연계에 널리 분포되어 있으며, 인체에 축적성이 높은 중금속이다. 주로 뼈에 축적되며 만성중독을 일으킨다. 급성증상으로는 빈혈, 구역질, 복통, 인사불성, 사지마비 등이고, 만성중독으로는 피로, 소화기장해, 체중감소, 시력장해 등이 있다. 심하면 안면창백, 납연(lead line: 잇몸 가장자리에 황화납에 의한 흑녹색의 띠 형성), 복부발작적 복통이 일어난다.

4. 비소(As)

비소는 안료, 방부제, 살서제 및 농약으로 널리 이용되어 왔다. 대부분의 식품에 비소가 함유되어 있으며, 특히 해산물에 그 농도가 높게 존재한다. 급성증상은 발열, 식용부진, 구토, 탈수증상 이후 복통, 체온저하 혈압저하, 경련, 혼수상태에 이르고, 만성증상은 손발과 피부에 각질화 현상, 궤양, 전신통증, 손떨림, 중추신경이상, 무력감, 발작 및 암을 발생한다. 비소의 식중독 사건은 1955년 일본 모리나가 조제분유사건 사건이 유명하다. 원유의 산도를 안정시키기 위해 사용한 제2인산나트륨에 아비산이 함유되었기 때문에 일어난 사건으로 12,000명의 어린이 환자가 발생하고, 이들 중 128명의 사망자를 야기한 사건이다. 식품위생법에서 비소는 고체식품과 조미료는 1.5ppm, 액체식품은 0.3ppm 이하로 규정하고 있다.

5. 구리(Cu)

구리는 인체의 대사기능에 필요한 중금속이나 과량 섭취 시 중독성을 나타낸다. 식기나 기구에 존재하는 구리성분이 물이나 탄산에 의해 부식되어 만들어진 녹청이나 착색료인 동클로로필린 나트륨의 과량섭취에 의해 식중독을 야기한다. 중독 증상은 메스꺼움, 타액분비, 구토, 복통, 설사, 현기증, 권태감 등을 나타낸다.

6. 주석(Sn)

주석은 통조림관 제조에 이용되기 때문에 산성식품이나 질산염이 함유된 식품에서 용출량이 늘어나 주석이 수용성 착화합물 형성한다. 중독 증상은 메스꺼움, 구토, 설사, 복통 등이 있다. 주스 통조림에서의 허용량은 150 ppm이고 미국은 300 ppm 이다. 대책으로는 통조림관의 내면을 에나멜로 도장하거나, 사용수의 질산농도를 1 ppm이하로 유지하는 것이 필요하다.

5-4. 식품의 조리, 가공 시 생성되는 유해물질

식품을 조리하는 과정 중에 고온에서 장시간 가열하거나 가공 · 저장 · 유통 중에는 식품성분의 상호 화학반응에 의해 유해한 물질이 생성된다. 고온 조리시 탄수화물은 아크릴아미드, 튀김유는 아크롤레인, 단백질류는 벤조피렌 등의 화합물에 생성된다. 가공 중에는 아미노기와 아질산에 의한 니트로소화합물, 식품첨가물에 의한 포름알데히드, 발효 중에 생성되는 메탄올 등이 있다.

1. 다환방향족 탄화수소

다환방향족 탄화수소((polycyclic aromatic hydrocarbons: PAH)는 식품 등의 유기물을 가열할 때 산소가 부족한 경우 생성되는 타르상의 물질로서, 벤젠환을 기본으로 하는 탄화수소 화합물로 여러 개의 벤젠환 구조를 이루기 때문에 다환방향족 탄화수소라고 한다. 결합 양식에 따라 100여종의 물질이 존재하나, 일부가 염색체 돌연변이를 통하여 암을 유발할 가능이 있는 것으로 알려졌으며, 대표적으로는 벤조피렌이 있다. 고온에서 식품을 굽거나 튀길 때, 훈연 시 나무나 연료를 태울 때 불완전 연소에 의해 생성된 다환방향족 탄화수소가 식품에 이행되어 식중독 증상을 야기한다. 생활에서는 휘발유, 쓰레기, 목재류 등의 연소과정 중이나 담배연기와 매연 등에서도 발견된다. 최근의 연구에 의하면 고온에서 숯을 이용하여 식품을 제조하거나, 음식물이 타는 과정에서도 이들 물질이 확인되고 있으며, 이 물질로 오염된 토양에서 재배된 식품인 곡식, 채소, 과일들과 오염된 먹이를 섭취한 동물들의 고기나 오염된 채소로 만들어진 식품들에서도 검출된다. PAH 중 대표적인 발암물질인 벤조피렌(benzo(a)pyrene)은 대부분의 동물에서 암을 유발한다. 벤조피렌에 노출되면 폐, 피부, 음낭에 암 발생이 증가한다.

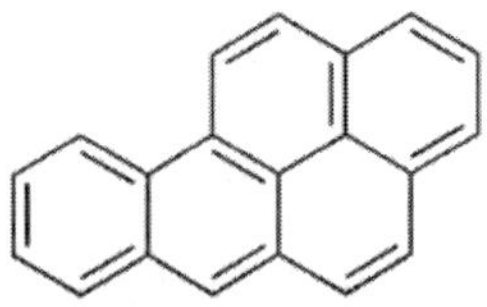

그림 5-6 a.
벤조피렌의 구조

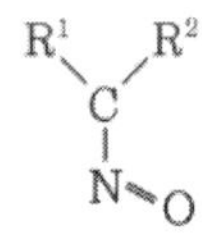

그림 5-6 b.
니트로사민의 구조

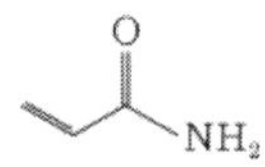

그림 5-6 c.
아크릴아마이드의 구조

2. 니트로사민

니트로사민(nitrosamine)은 이질산염이 2급 아민류와 반응하면 생성되는 물질이다. 햄이나 소시지 제조 시에 사용되는 아질산나트륨이 식품의 아민류와 산성조건 이거나, 체내 위 같은 산성조건에서 생성이 될 수 있다. 고온과 튀김으로서 생성될 수도 있다. 발생가능성이 높은 식품은 맥주, 생선, 육류, 치즈 등이 있으며, 담배 연기나 자동차의 매연 연기에도 존재한다. 동물실험 결과 여러 가지의 암을 유발하는 것으로 알려졌다. 비타민 C는 니트로사민의 생성을 억제하는 것으로 알려졌다. 훈연 제품은 pH가 6.0 이상으로 거의 생성되지 않으며, 야채에 존재하는 질산염은 구강에서 아질산으로 환원되어 이것이 아민류와 반응하여 니트로사민을 생성시킬 수 있다.

3. 아크릴아마이드

아크릴아마이드(acrylamide)는 실험재료로 왜전부터 사용되어 왔다.

식품과 관련하여서는 2002년도에 전분이 함유된 식품인 포테이토칩(potato crisps), 프렌치프라이(chips), 빵을 120℃ 이상 가열시 생성되었으며, 온도 의존적으로 생성된다고 보고하였다. 보리차(mugicha in Japanese)에서도 발견되었다. 이 반응은 메일라드 반응과도 연관이 있는 것으로 보고되고 있는데, 특히 아미노산인 아스파라긴과 환원당(포도당, 과당)이 120℃ 이상 가열시 생성되는 것으로 보고 있다. 독성은 신경독 및 암을 유발 하는 것으로 알려졌다.

4. 헤테로고리아민

헤테로고리아민(heterocyclic amines, HCAs)은 태운 육류에서 발견된다. 특히 소고기, 돼지고기, 가금류, 생선을 고온에서 조리할 때 근육단백에 존재하는 아미노산과 크레아틴과 반응하여 생성된다. 이 물질은 근육단백질의 고온에서 시간 의존적으로 생성하는 것으로 알려졌다. 단백질 중 우유, 두부, 간 같은 단백질보다 근육질이 풍부한 육류에서 많이 발생한다. 독성은 위암, 유방암 등을 발생하는 것으로 보고하고 있다.

5. 아크롤레인

아크롤레인(acrolein)은 가장 단순한 불포화알데히드 이고 아크릴알데히드, 알릴알데히드 혹은 프로펜알(propenal)이라고 부른다. 무색으로 공기 중에 쉽게 산화하여 아크릴산으로 되고 고열로 가열한 식용유가 탈 때 나는 연기에도 존재한다. 지질을 고온으로 가열하면 가수분해되어 글리세롤이 생성되는데 반복적으로 가열하면 많은 양의 글리세롤이 생성되면 유지의 발연점이 낮아져 연기가 발생하는 데, 이 때 아크롤레인이 생성된다. 아크롤레인은 글리세롤을 280℃로 가열할 때 생성된다. 담배연기로부터 발생하는 아크롤레인가스와 폐암의 발생이 상관성이 있다고 알려졌다. 이것은 면역기능을 억제하여 알레르기 발생을 억제하나 암의 발생을 증가하는 데 관여한다고 알려졌다.

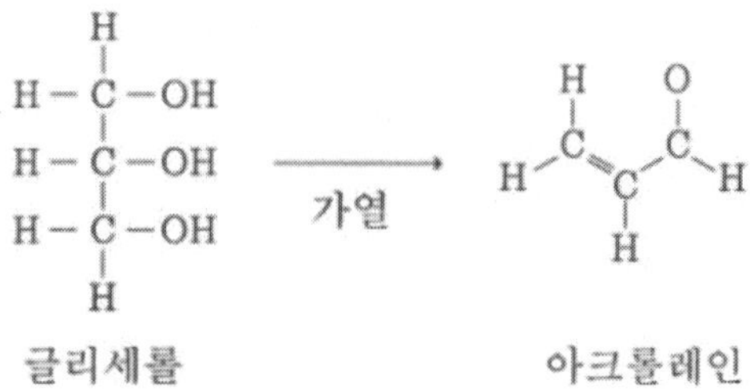

그림 5-7 아크롤레인 생성 과정

6. 메탄올

메탄올(methanol, CH_3OH)는 포도주, 사과주 등의 과실주 제조 시에 부산물로 생성되며, 정제가 불충분 시에는 잔류하여 인체에 손상을 주기도 한다. 에탄올은 체내 흡수되면 독성이 적은 아세트알데히드(acetaldehyde)가 되어 음용이 가능하나, 메탄올은 포름데하이드(formaldehyde)로 변환되어 망막조직에 치명상을 주어 시각장애 또는 실명에 이르게 된다.

7. 트랜스지방

트랜스지방(trans-unsaturated fatty acids 또는 trans fatty acids)은 불포화 지방산을 경화유(마가린, 쇼트닝유)로 만드는 과정 중에 첨가한 수소가 전이되어 발생되는 지방산 이다. 즉 일반적으로 존재하는 cis 형에서 trans 형으로 전환되어 생성되는 것을 말한다. 이들은 인체의 세포막에 끼어들어 세포의 고유한 기능인 막투과성 변화 및 탄력성 저하에 따른 부작용을 야기한다. 트랜스지방 섭취량에 비례하여 관상동맥질환의 발생이 증가하고, 좋은 콜레스테롤인 HDL은 감소시키고 나쁜 콜레스테롤인 LDL은 증가시키는 것으로 알려졌다.

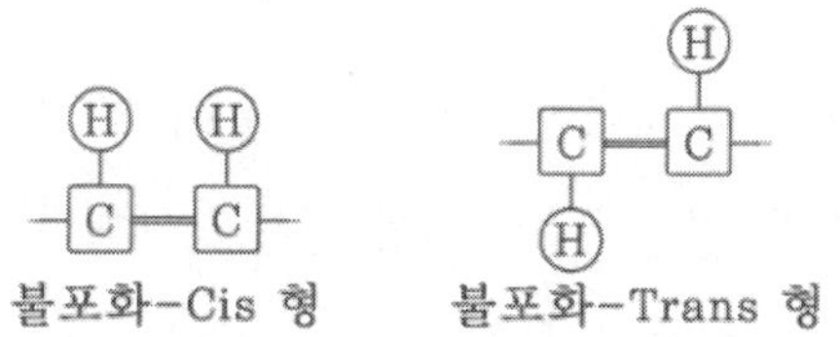

그림 5-8 불포화 지방산의 시스형과 트란스형 구조

8. 환경오염물질

1) 다이옥신

다이옥신(dioxine)은 월남전에 사용하였던 고엽제에 함유된 독성분으로 유명한데, 살포되었던 인근의 주민들이 다른 지역에 비하여 간암, 유산 및 기형발생 비율이 현저히 높게 나타났다. 염소가 함유된 염화비닐이나 염화비닐리덴 등을 태울 때에도 발생하는 것으로 알려졌으며, 발전소, 자동차배기가스, 도시가스 세정수 및 쓰레기 소각장에서도 많이 발생한다. 종이나 직물 제조 염소표백섬유는 가열과 무관하게 다이옥신을 생성한다. 목재 방부제인 pentachlorophenol, 제초제인 2,4-dichlorophenoxyacetic acid(2,4-D) 및 2,4,5-trichlorophen oxyacetic acid(2,4,5-T)에도 존재한다. 다이옥신은 지용성이기 때문에 인체에 흡수되는 경로는 어류, 육류, 지방함유 식품 등의 생물농축을 통하여 이루어진다. 독성은 어린이 치아법랑질 제거, 중추신경 및, 면역기능장해, 갑상성선질환, 당뇨병 등을 야기한다.

2) 내분비계 교란물질

내분비계 교란물질(Endocrine disruptors; ED)은 생명체의 정상적인 내분비계(또는 호르몬) 기능에 영향을 주는 화학물질을 총칭하여 부른다. 종류로 환경오염물질은 다이옥신, PCB, 벤조파이렌, 페놀 등이 있으며, 살충제는 DDT, 베노밀, 2,4-D, 헥사클로로벤젠, 플라스틱가소제로서 프탈레이트 및 스티렌(다이머/모노머) 등이 있다. 이들은 호르몬 관련 암 유발, 정자 수 감소, 성기 기형 등을 초래한다.

표 5-1 내분비계 교란물질의 종류

구 분	종 류
약물성	DES(diethyl stilbesterol, 에스트로겐 유사물질)
자연성	식물에스트로겐 (콩, 사과, 딸기류, 버찌, 밀, 강낭콩에 함유) Daidzein, Genistein
환경성	다이옥신, 비스페놀 A, DDT, PCB, 농약, 유기중금속, 프탈레이트(가소제), TBTT(tributyltin, 방오제), 스티렌

3) 방사성 동위원소 물질

방사성 물질은 핵폭발 실험이나 핵연료 처리 과정 중에 발생되어 대기 중에 방출되는 물질로서 이들이 대류권이나 성층권에 널리 퍼져서 비나 눈으로 지구상에 떨어져 동물, 식물, 토양에 오염되어 피해를 입힌다. 최근에는 식품의 보존성을 연장하기 위한 방법으로 방사능 조사가 이루어지고 있기 때문에 이들에 대한 안전성이 중요시되고 있다.

식품과 관계가 있는 방사성 동위원소는 Cs-137, Sr-90, I-131 등이 문제가 되고 있다. 이들 중 Cs-137과 Sr-90는 핵분열의 수량이 많고 반감기가 각각 30년과 29년으로 길어 문제가 크고, I-131은 생성량은 많으나 반감기가 8일로 짧은 특징을 갖고 있다. 방사선 동위원소는 각각의 에너지가 상이한 α, β, γ 선을 방출하며, 전리작용은 α, β, γ 선의 순서로 크게 나타나는 것으로 알려졌다. 인체에 미치는 주요한 영향은 탈모, 눈의 자극, 생식불능, 골수세포를 파괴에 따른 조혈기능의 저하에 의한 백혈병이나 골수암을 유발, 유전자 변화 등을 초래한다.

식품과 관련하여서는 핵분열이나 핵연료 처리에 따라 대기에 배출된 방사능 물질은 비와 같이 물, 토양, 식물, 동물 등에 오염되어 먹이 사슬에 의해 인체로 들어온다. 음용수의 경우는 오랫동안 저장하면 방사능의 양이 줄어들고 지표수의 경우 노출된 경우는 위험하다. 농작물의 경우는 Cs-137과 Sr-90는 토양에서 식물로 흡수되는 경우가 있어 식물의 열매에 농축될 수가 있다. 수산물의 경우는 원자력발전시설에서 바다로 배출되는 방사성물질은 어패류나 해조류에 침착 또는 흡수되어 생물농축에 의해 사람에게 오염될 수 있다. 축산물의 경우는 가축이 먹는 사료나 물을 통하여 오염된 방사능이 우유, 식육 및 알 등에 존재할 수 있다.

제 5장 ☘연습문제☘

1. 유해감미료에 속하는 것은?
   ① 둘신
   ② D-소르비톨
   ③ 자일리톨
   ④ 아스파탐

2. 다음 중 국내에서 허가된 인공감미료는?
   ① 둘신
   ② 삭카린나트륨
   ③ 사이클라민산나트륨
   ④ 에틸렌글리콜

3. 화학적 식중독에 대한 설명으로 틀린 것은?
   ① 체내흡수가 빠르다.
   ② 중독량에 달하면 급성증상이 나타난다.
   ③ 체내분포가 느려 사망률이 낮다.
   ④ 소량의 원인물질 흡수로도 만성중독이 일어난다.

4. 식품 첨가물 중 유해한 착색료는?

① 아우라민(auramine)

② 둘신(dulcin)

③ 롱가릿(rongalite)

④ 붕산(boric acid)

5. 특히 칼슘(Ca)과 인(P)의 대사이상을 초래하여 골연화증(骨軟化症)을 유발하는 유해금속은?

① 철

② 카드뮴

③ 수은

④ 주석

6. 만성중독의 경우 반상치, 골경화증, 체중감소, 빈혈 등을 나타내는 물질은?

① 붕산

② 불소

③ 승홍

④ 포르말린

7. 과거에는 단무지, 면류 및 카레분 등에 사용하였으나 독성이 강하여 현재 사용이 금지된 색소는?

① 아우라민(염기성 황색 색소)

② 아마란스(식용 적색 제2호)

③ 타트라진(식용 황색 제4호)

④ 에리쓰로신(식용 적색 3호

8. 육류의 발색제로 사용되는 아질산염이 산성조건에서 식품 성분과 반응하여 생성되는 발암성 물질은?

① 지질 과산화물

② 벤조피렌

③ 니트로사민

④ 포름알데히드

9. 화학물질에 의한 식중독의 증상 중 틀린것 은?

① 유기인제농약-신경독

② 메탄올-시각장애및 실명

③ 둘신(dulcine)-혈액독

④ 붕산-체중과다

10. 사용이 금지된 감미료는?

① 사카린나트륨(Saccharin sodium)

② 아스파탐(aspartame)

③ 페릴라틴(Peryllartine)

④ 디-소르비톨(D-sorbitol)

11. 과거 일본 미나마타병의 집단발병 원인이 되는 중금속은?

① 카드뮴

② 납

③ 수은

④ 비소

12. 카드뮴이나 수은 등의 중금속 오염 가능성이 가장 큰 식품은?

① 육류

② 어패류

③ 식용유

④ 통조림

13. 통조림관의 주성분으로 과일이나 채소류 통조림에 의한 식중독을 일으키는 것은?

① 주석(Sn)

② 아연(Zn)

③ 구리(Cu)

④ 카드뮴(Cd)

14. 화학물질에 의한 식중독으로 일반 중독증상과 시신경의 염증으로 실명의 원인이 되는 물질은?

① 납

② 수은

③ 메틸알코올

④ 청산

15. 중금속에 관한 설명으로 옳은 것은?

① 해독에 사용되는 약을 중금속 길항약이라고 한다.

② 중금속과 결합하기 쉽고 체외로 배설하는 약은 없다.

③ 중독증상으로 대부분 두통, 설사, 고열을 동반한다.

④ 무기중금속은 지질과 결합하여 불용성 화합물을 만들고 산화작용을 나타낸다.

16. 과일 통조림으로부터 용출되어 구토, 설사, 복통의 중독 증상을 유발할 가능성이 있는 물질은?

① 안티몬

② 주석

③ 크롬

④ 구리

17. 화학성 식중독의 원인이 아닌 것은?

① 설사성 패류 중독

② 환경오염에 기인하는 식품 유독성분 중독

③ 중금속에 의한 중독

④ 유해성 식품첨가물에 의한 중독

18. 중금속에 대한 설명으로 옳은 것은?

① 비중이 4.0 이항의 금속을 말한다.

② 생체기능유지에 전혀 필요하지 않다.

③ 다량이 축적될 때 건강장해가 일어난다.

④ 생체와의 친화성이 거의 없다.

19. 이타이이타이병과 관계있는 중금속 물질은?

① 수은(Hg)

② 카드뮴(Cd)

③ 크롬(Cr)

④ 납(Pb)

20. 오래된 과일이나 산성 채소 통조림에서 유래되는 화학성 식중독의 원인 물질은?

① 칼슘

② 주석

③ 철분

④ 아연

21. 체내에서 흡수되면 신장의 재흡수장애를 일으켜 칼슘 배설을 증가시키는 중금속은?

① 납

② 수은

③ 비소

④ 카드뮴

22. 육류의 직화구이 및 훈연 중에 발생하는 발암물질은?

① 아크릴아마이드(Acrylamide)

② 니트로사민(N-nitrosamine)

③ 에틸카바메이트(Ethylcarbamate)

④ 벤조피렌(Benzopyrene)

23. 식품에 존재하는 유기물질을 고온으로 가열할 때 단백질이나 지방이 분해되어 생기는 유해물질은?

① 에틸카바메이트(ethylcarbamate)

② 다환방향족탄화수소(polycyclic aromatic hydrocarbon)

③ 엔-니트로소아민(N-nitrosoamine)

④ 메탄올(methanol)

24. 육류의 발색제로 사용되는 아질산염이 산성 조건에서 식품 성분과 반응하여 생성되는 발암성 물질은?

① 지질 과산화물(aldehyde)

② 벤조피렌(benzopyrene)

③ 니트로사민(nitrosamine)

④ 포름알데히드(formaldehyde)

25. 유독성 금속화합물에 의한 식중독을 일으킬 수 있는 경우는?

① 철분강화식품

② 요오드 강화 밀가루

③ 칼슘강화우유

④ 종자살균용 유기수은제 처리 콩나물

26. 파라티온(parathion), 말라티온(maiathion)과 같이 독성이 강하지만 빨리 분해되어 만성 중독을 일으키지 않는 농약은?

① 유기인제 농약

② 유기염소제 농약

③ 유기불소제 농약

④ 유기수은제 농약

27. 다음 중 국내에서 허가된 인공감미료는?

① 둘신(dulcin)

② 사카린나트륨(sodium saccharin)

③ 사이클라민산나트륨(sodium cyclamate)

④ 에틸렌글리콜(ethylene glycol)

28. 식품을 조리 또는 가공할 때 생성되는 유해물질과 그 생성 원인을 잘못 짝지은 것은?

① 엔-니트로소아민(N-nitrosoamine)- 육가공품의 발색제 사용으로 인한 아질산과 아민과의 반응 생성물

② 다환방향족탄화수소(polycyclicaromatic hydrocarbon)- 유기물질을 고온으로 가열할 때 생성되는 단백질이나 지방의 분해생성물
③ 아크릴아미드(acrylamide)- 전분식품 가열시 아미노산과 당의 열에 의한 결합 반응 생성물
④ 헤테로고리아민(heterocyclic amine)- 주류 제조 시 에탄올과 카바밀기의 반응에 의한 생성물

29. 다환방향족 탄화수소이며, 훈제육이나 태운 고기에서 다량 검출되는 발암작용을 일으키는 것은?

① 질산염
② 알코올
③ 벤조피렌
④ 포름알데히드

30. 에탄올 발효시 생성되는 메탄올의 가장 심각한 중독 증상은?

① 구토
② 경기
③ 실명
④ 환각

31. 산업장, 소각장 등에서 발생하는 발암성 환경오염 물질은?

① 안티몬(antimon)
② 벤조피렌(benzopyrene)

③ PBB(polybrominated biphenyl)

④ 다이옥신(dioxin)

32. 합성수지제 기구, 용기 · 포장제 등에서 검출될 수 있는 화학적 식중독 원인물질은?

① 아플라톡신(aflatoxin)

② 솔라닌(solanine)

③ 포름알데히드(formaldehyde)

④ 니트로사민(N-nitrosamine)

33. 식품의 조리 가공, 저장 중에 생성되는 유해 물질 중 아민이나 아미드류와 반응하여 니트로소 화합물을 생성하는 성분은?

① 지질

② 아황산

③ 아질산염

④ 삼염화질소

34. 염소가 포함된 유기물질을 소각하는 과정에서 생성되는 물질로 발암성과 기형아 유발 작용이 있는 것은 ?

① 다이옥신

② 니트로사민

③ 아플라톡신

④ 트릴메틸아민

⑤ 비닐클로라이드 단량체

35. 환경오염과 관련된 내용 중 옳은 것은 ?

① THM은 수돗물 원수 중의 무기물이 염소처리과정 중 생성되는 물질이다.

② 다이옥신은 독성이 강하고 환경에서의 잔류성은 크나 인체 내에서 쉽게 배설된다.

③ 유기인제는 잔류성이 크고 인체 지방조직에 축적되는 것이 있어 사용 금지나 사용 제한 등의 조치를 강구하고 있다

④ 유기염소제는 신경에 존재하는 cholinesterase의 작용을 억제해 중추신경계 증상을 일으킨다.

⑤ 아크릴아마이드는 가열시간에 따라 함량이 증가하며 전분질 식품에서 높게 검출된다.

01-①, 02-②, 03-③, 04-①, 05-②, 06-②, 07-①, 08-③, 09-④, 10-③, 11-③, 12-②, 13-①, 14-③, 15-①, 16-②, 17-①, 18-③, 19-②, 20-②, 21-④, 22-④, 23-②, 24-③, 25-④, 26-①, 27-②, 28-③, 29-③, 30-③, 31-④, 32-③, 33-③, 34-①, 35-⑤

제 6장

식품과 감염병

식품위생학

6-1. 식품과 감염병

1. 감염병 개요

감염이란 병원체에 의한 질환이 다른 숙주에게 전파되는 것을 말한다. 병원체의 종류로는 세균, 바이러스, 리켓챠, 원충 등이 있다. 우리나라는 감염병의 중요도와 전파속도 및 위험도에 따라 제1군, 제2군, 제3군, 제4군 및 제5군으로 구분한다.

표 6-1 감염병 발생의 3 요소

감염병의 3요소	발생의 요소	요건
감염원	병원체, 병인	병을 일으킬 만큼 양적 · 질적 충분해야
감염경로	병원소로부터 병원체 탈출, 전파, 침입	감염될 수 있는 환경조건 구비되어야
감수성	숙주의 감수성	면역성이 없어야하고 감수성이 있어야

표 6-2 감염병의 분류 및 종류

군	감염병명	신고범위			신고 시기	담당부서
		환자	의사 환자	병원 체보 유자		
제1군 (6종)	콜레라	○	○	○	지체없이	감염병관리과
	장티푸스	○	○	○	지체없이	
	파라티푸스	○	○	○	지체없이	
	세균성이질	○	○	○	지체없이	
	장출혈성대장균감염증	○	○	○	지체없이	
	A형간염	○	○	○	지체없이	
제2군 (12종)	디프테리아	○	○	×	지체없이	감염병감시과
	백일해	○	○	×	지체없이	
	파상풍	○	×	×	지체없이	
	홍역	○	○	×	지체없이	
	유행성이하선염	○	○	×	지체없이	
	풍진	○	○	×	지체없이	
	폴리오	○	○	×	지체없이	
	B형간염	○	×	×	지체없이	
	일본뇌염	○	○	×	지체없이	
	수두	○	○	×	지체없이	
	b형헤모필루스인플루엔자	○	○	×	지체없이	
	폐렴구균	○	○	×	지체없이	
제3	말라리아	○	×	○	지체없이	감염병감시과
	결핵	○	○	×	지체없이	결핵에이즈관리과

군	감염병명	신고범위: 환자	신고범위: 의사환자	신고범위: 병원체보유자	신고시기	담당부서
군 (22종)	한센병	○	×	×	지체없이	결핵에이즈관리과
	성홍열	○	○	×	지체없이	감염병관리과
	수막구균성수막염	○	○	×	지체없이	
	레지오넬라증	○	○	×	지체없이	
	비브리오패혈증	○	○	×	지체없이	
	발진티푸스	○	○	×	지체없이	감염병감시과
	발진열	○	○	×	지체없이	
	쯔쯔가무시증	○	○	×	지체없이	
	렙토스피라증	○	○	×	지체없이	
	브루셀라증	○	○	×	지체없이	
	탄저	○	○	×	지체없이	생물테러대응과
	공수병	○	○	×	지체없이	감염병감시과
	신증후군출혈열	○	○	×	지체없이	
	인플루엔자	○	○	×	7일이내	감염병관리과
	후천성면역결핍증(AIDS)	○	×	○	지체없이	결핵에이즈관리과
	매독	○	×	×	지체없이	결핵에이즈관리과
	크로이츠펠트-야콥병(CJD) 및 변종크로이츠펠트-야콥병(vCJD)	○	○	×	지체없이	감염병감시과
	C형간염	○	×	○	지체없이	의료감염관리과
	반코마이신내성황색포도알균(VRSA) 감염증	○	×	○	지체없이	의료감염관리과
	카바페넴내성장내세균속균종(CRE) 감염증	○	×	○	지체없이	
제4군 (20종)	페스트	○	○	×	지체없이	생물테러대응과
	황열	○	○	×	지체없이	감염병감시과
	뎅기열	○	○	×	지체없이	
	바이러스성출혈열	○	○	×	지체없이	생물테러대응과
	두창	○	○	×	지체없이	
	보툴리눔독소증	○	○	×	지체없이	
	중증급성호흡기증후군(SARS)	○	○	×	지체없이	위기대응총괄과
	동물인플루엔자 인체감염증	○	○	×	지체없이	위기대응총괄과
	신종인플루엔자	○	○	×	지체없이	
	야토병	○	○	×	지체없이	생물테러대응과
	큐열	○	○	×	지체없이	감염병감시과
	웨스트나일열	○	○	×	지체없이	
	신종감염병증후군	○	○	×	지체없이	위기대응총괄과
	라임병	○	○	×	지체없이	감염병감시과
	진드기매개뇌염	○	×	×	지체없이	
	유비저	○	○	×	지체없이	
	치쿤구니야열	○	○	×	지체없이	
	중증열성혈소판감소증후군(SFTS)	○	○	×	지체없이	
	중동호흡기증후군(MERS)	○	○	○	지체없이	위기대응총괄과
	지카바이러스감염증	○	○	○	지체없이	감염병감시과
제5군 (6종)	회충증	○	×	×	7일이내	감염병감시과 (7183)
	편충증	○	×	×	7일이내	
	요충증	○	×	×	7일이내	
	간흡충증	○	×	×	7일이내	
	폐흡충증	○	×	×	7일이내	
	장흡충증	○	×	×	7일이내	

2. 경구감염병

1) 경구감염병이란?

병원체가 음식물, 음료수, 손, 기구, 위생동물 등을 거쳐 경구적으로 체내에 침입하여 생기는 감염병을 말한다. 경구감염병과 세균성 식중독은 증상이 미생물에 의해 발생하는 것은 비슷하나 2차감염 여부, 면역성 및 독력 등에 있어 차이가 있다.

표 6-3 세균성 식중독과 경구 감염병의 차이

구분	경구감염병	세균성식중독
균체의 양	미량이라도 감염	다량
2차 감염	2차 감염이 많고 파상적 전파	거의 없고 최종감염은 사람
잠복기간	길다	비교적 짧다
예방조치	거의 불가능	식품 중에 균의 증식을 막으면 가능
음료수와의 관계	흔히 일어난다	비교적 관계가 없다
면역성 관계	면역성이 있는 경우가 많다	일반적으로 없다
독력	강하다	약하다

2) 감염원에 따른 분류

경구감염병은 감염원에 따라 세균, 바이러스, 원생동물로 구분하고, 감염경로에 따라 직접감염과 간접감염으로 나눈다.

표 6-4 경구감염병의 분류

기준	분 류	종 류
감염원	세균	세균성이질, 장티푸스, 파라티푸스, 콜레라, 디프테리아 등
	바이러스	감염병 설사, 급성회백수염, 유행성 간염
	원생동물	아메바성이질
감염경로	직접감염	환자-보균자의 직접접촉에 의한 원인
	간접감염	식품-음료수를 통해 경구 감염

3) 경구감염병의 종류

(1) 세균성 경구감염병

① 세균성 이질

- 원인균: *Shigella dysenteriae*, 그 외 *S. flexneri*, *S. boydii*, *S. sonnei* 그람음성균, 비아포성 간균, 통성혐기성, 비운동성

- 감염원: 환자나 보균자의 분변 및 파리, 식품이나 음료수
- 증상: 급성염증성 장염질환(40% 이상이 10세미만), 점액혈변, 1-2주의 잠복기, 오한, 전율, 발열, 오신, 구토, 설사, 설사빈번(1일 2-3회), 뇌신경증상
- 예방: 55℃ 30분, 또는 60℃ 10분의 가열로 제거 가능
- 치료: ampicillin 계의 항생제

② 장티푸스(typhoid fever)
- 원인균: *Salmonella typh*i, 그람음성균, 통성혐기성, 운동성, 간균, 살모넬라 식중독균과 유사
- 감염원: 환자, 보균자의 대소변, 타액→ 식품, 음료수 오염 → 경구감염
- 증상: 40℃ 전후의 고열이 1~2주간 지속
- 예방: 예방접종
- 치료: 일회 감염 후 영구면역 획득- vaccination

③ 파라티푸스(paratyphoid fever)
- 원인균: *Salmonella paratyph*i A, B, C
- 감염원: 환자, 보균자의 대소변
- 증상: 장티푸스와 유사한 증상이나 경과가 가볍다. 보통 남성에서 많이 발병

④ 콜레라(Cholera)
- 원인균: *Vibrio cholera*, 그람음성 간균, 통성혐기성, 유편모, 운동

성 있음

열에 약함(56℃ 15분 또는 100℃ 1-2분 사멸), 저온 저항성 약함

- 감염원: 환자, 보균자의 분변, 토물 → 해수, 음료수, 식품 오염
- 증상: 쌀드물 설사, 설사, 구토, 급속한 탈수(치사율: 10~60%)
- 예방: 예방접종, 위생관리 철저

(2) 바이러스성 경구 감염병

① 급성회백수염 (acute poliomyetitis)

- 원인균: *Polio virus* (소아마비)
- 감염원: 환자, 보균자의 분변, 오염식품
- 증상: 두통, 및 전형적인 감기증상, 이후 회복기에 근육통, 강직, 척수동통을 수반하는 신경증상과 사지마비, 대부분 불현성 감염

② 유행성 간염 (epdiemic hapatitis)

- 원인균: Hapatitis A
- 감염원: 환자 혹은 불현성 감염자의 분변 및 혈액, 오염식품
- 증상: 발열, 전신권태, 오심 두통, 황달, 복통, 황달
- 예방: 면역주사

(3) 원생동물성 감염병

① 아메바성 이질

- 원인균: 원충류인 이질아메바(*Enatamoeba histolytica*)
- 감염원: 환자 접촉, 음료수, 식품, 곤충, 쥐
- 증상: 잠복기는 수일-수주, 대장 궤양, 이질 증상, 점액 변

- 예방: 음료수 위생에 주의

3. 인축 공통감염병

1) 인축 공통감염병이란?

사람과 동물을 공동 숙주로 하는 병원체에 의해 일으키는 감염병을 말한다. 척추동물과 사람 사이에 전파되기 때문에 사람이 병원체가 들어있는 식육, 우유 등을 섭취하거나 감염동물이나 분비물과의 접촉, 파이나 쥐 등에 의한 전파 감염된 음식물 섭취에 의한 전파감염 등이 있다. 종류로는 결핵, 탄저, 브루셀라증, 산토끼병, 돼지단독증, Q fever, 리스테리아증 등이 있다.

(1) 세균성 인축공통 감염병

① 탄저(anthrax)

- 원인균: 탄저균 (*Bacillus anthracis*): 소, 말, 양 등의 급성 열성질환 원인균 피부탄저, 폐탄저(공기중 오염), 장 탄저(오염동물 식용시)로 구분,
- 특성: 임파선염, 침윤 부종, 괴양을 유발하며, 감염원은 오염 목초, 사료
- 예방: 약독생균 백신, 발병 동물의 격리, 도살

② 결핵 (tuberculosis)

- 병원균: *Mycobacterium bovis* 또는 *M. avium*
- 감염원: 결핵에 걸린 소의 우유/유제품 → 경구감염
  이환된 쇠고기/닭고기 → 경구감염
- 증상: 잠복기 4-6주, 경부림프선에 결핵, 섬유조직 석회화

- 예방: tuberculin 검사하여 조기발견, 우유 및 오염육 식용 금지하고 가열섭취

③ 브루셀라증 (brucellosis)

- 병원체: *Brucella melitensis*(양, 염소), *B. abortus*(소)- 소 유산균, *B. suis*(돼지)- 돼지 유산균(파상열)
- 감염원: 병에 걸린 동물의 유즙, 유제품, 고기 → 경구감염, 경피감염
- 증상: 잠복기는 10-20일, 38~40℃의 고열이 2-3 주간 지속, 이후 열이 내리는데 이러한 사이클이 반복
- 예방법: 조기발견, 격리치료, 도살처분, 우유살균, 수육 가열조리

④ 돼지단독증 (Swine erysipeloid)

- 원인균: *Erysipelothrix rhusiopathiae*, 그람양성 간균, 통성혐기성
- 감염원: 돼지 등의 가축 고기/이환동물 취급 → 경구/경피 감염, 소화기(돼지)
- 증상: 잠복기 10-20일, 피부발열 및 자홍색 홍반 생성, 패혈증(돼지)
- 예방: 소독, 약독생균백신, 치료제는 항생물질

⑤ 산토끼병 (tularemia)

- 병원균: *Francisella tularensis*, 그람음성 구 · 간균, 성장에 혈액성분 요구
- 감염원: 발병 동물로부터 유래한 이, 진드기, 벼룩, 모피, 토끼간 접촉 감염

  감염된 산토끼의 혈액, 오줌, 침 등 → 사람 손 / 요리 중 경피감염

고기 섭취 경구감염

- 증상: 잠복기는 1-14일, 설치류 동물에 기생하는 진드기에 의해 감염, 오한, 전율, 발열, 악성 결막염
- 예방: 토끼고기 가열 섭취 주의, 생균 백신 주사, streptomycin

⑤ 리스테리증(listeriosis)

- 병원체: *Listeria monocytogenes*, 그람음성 간균, 운동성, 혐기성, 4℃이하의 저온, 6% 이상의 식염농도에서 성장가능
- 감염원: 비가열 우유, 식육으로 만든 치즈, 샐러드, 회, 만두, 피자, 소시지
- 증상: 잠복기 3일-수 주일, 뇌척수막염, 임산부 자궁내막염, 치사율이 높음
- 예방: 무독생균백신(가축), 페니실린(사람)

(2) 기타 원인에 의한 것

① Q fever

- 원인균: 리케챠성 병원체인 *Coxiella burnetii*
- 감염원: 소, 면양, 염소 등에서 발견, 사람은 병원체 함유된 동물의 생젖이나, 배설물 접촉에 의해 발생
- 증상: 잠복기는 14-26일, 고열, 오한, 두통, 근육통, 이행성 폐렴
- 예방: 감염경로 불분명[Q-query(의문)], 치료는 chloramphenicol이 유효

② 광우병

- 원인체: 변형 프리온(prion) 단백질
- 감염원: 소의 사료로 사용되는 죽은 동물 및 그 부산물 중 뇌가 파괴되어 스펀지처럼 구멍이 뚫린 신경질환을 앓은 양이나 염소의 경우 고온처리가 되지 않은 동물사료에 의해 발생
- 증상: 광우병이 걸린 소는 뇌에 구멍이 생기고, 갑자기 포악해지고, 미친듯한 증상과 거동불안 행동을 보임. 사람의 경우도 기억력 상실과 이상행동, 정신지체 및 치매, 수족의 무의식적 운동 등이 나타남

제 6장 ☘ 연습문제 ☘

1. 다음 중 감염병 발생의 요소 중 거리가 먼 것은?

① 감염원

② 감염경로

③ 감수성

④ 섭취 음식량

2. 다음 중 제1군 감염병이 아닌 것은?

① 콜레라

② 장티푸스

③ 디프테리아

④ 세균성이질

3. 바이러스(virus)에 의하여 발병되지 않는 것은?

① 돈단독증

② 유행성간염

③ 급성회백수염

④ 감염성 설사증

4. 사람이 예방접종을 통하여 얻는 면역은?

① 선천면역

② 자연수동면역

③ 자연능동면역

④ 인공능동면역

5. 디피티(D.P.T) 기본접종과 관계없는 질병은?

① 디프테리아

② 풍진

③ 백일해

④ 파상풍

6. 호흡기계 감염병이 아닌 것은?

① 폴리오

② 홍역

③ 백일해

④ 디프테리아

7. 인수공통감염병에 속하지 않는 것은?

① 광견병

② 탄저

③ 고병원성조류인플루엔자

④ 백일해

8. 아메바에 의해서 발생되는 질병은?

① 장티푸스

② 콜레라

③ 유행성 간염

④ 이질

9. 인수공통감염병으로 그 병원체가 세균인 것은?

① 일본뇌염

② 공수병

③ 광견병

④ 결핵

10. 음식물이나 식수에 오염되어 경구적으로 침입되는 감염병이 아닌 것은?

① 유행성이하선염

② 파라티푸스

③ 세균성 이질

④ 폴리오

11. 멸균되지 않은 우유를 통하여 감염될 수 있는 것은?

① 탄저

② 결핵

③ 야토병

④ 돈단독

12. 감염병 중에서 비말감염과 관계가 먼 것은?

① 백일해

② 디프테리아

③ 발진열

④ 결핵

13. 환경위생의 개선으로 발생이 감소되는 감염병과 가장 거리가 먼 것은?

① 장티푸스

② 콜레라

③ 이질

④ 인플루엔자

14. 다음 중 발생 즉시 신고 및 예방대책을 수립해야하는 제1군 감염병은?

① 결핵

② 페스트

③ 장티푸스

④ 디프테리아

15. 감염병과 병원균의 연결이 옳은 것은?

① 콜레라–*Salmonella typhi*

② 폴리오–*Mycobacterium tuberculosis*

③ 이질–*Shigella dysenteriae*

④ 결핵–*Hepatitis virus*

16. 세균성식중독과 비교하여 경구감염병이 가지는 일반적인 특성은?

① 다량의 균으로 발병한다.

② 잠복기가 짧다.

③ 2차 발병률이 매우 높다.

④ 대부분 음식물에 의해 발병한다.

17. 전염병과 발생원인의 연결이 틀린 것은?

① 임질- 직접감염

② 발진티푸스- 이

③ 말라리아–쥐

④ 중증 열성혈소판감소 증후군–작은 소참진드기

18. 다음 중 제1군 법정 감염병이 아닌 것은?

① 콜레라

② 성홍열

③ 장티푸스

④ 파라티푸스

19. 개나 고양이 등과 같은 애완동물의 침을 통해서 사람에게 감염될 수 있는 인수공통 전염병은?

① 결핵

② 탄저

③ 야토병

④ 톡소프라스마증

20. 갑작스런 발병과 쌀뜨물과 같은 설사가 특징인 증상을 보이는 감염병은?

① 이질

② 콜레라

③ 장티푸스

④ 폴리오

21. 사람에게는 열병, 동물에게는 유산을 일으키는 인축공통감염병은 ?

① 돈단독

② Q열

③ 야토병

④ 탄저

⑤ 파상열

22. 우유의 위생관리에서 중점적으로 관리되어야 하는 것으로 옳은 것은 ?

① 결핵

② 돈단독

③ 성홍열

④ 야토병

⑤ 세균성이질

01-④, 02-③, 03-①, 04-④, 05-②, 06-①, 07-④, 08-④, 09-④, 10-①, 11-②, 12-③, 13-④, 14-③, 15-③, 16-③, 17-③, 18-②, 19-④, 20-②, 21-⑤, 22-①

제 7장

기생충과 위생동물

식품위생학

7-1. 기생충

1. 개요

기생충은 독립적으로 생명현상을 유지하지 못하고, 숙주의 체내에서 증식하여 숙주로부터 영양분을 획득하며 살아가는 연충류를 말한다. 주요 증상으로는 ① 숙주 체내를 천공 이동함으로서 나타나는 증상(천공), ② 충체에서 분비된 독소에 의한 증상(발열),③ 대량 증식에 의해 일어나는 증상(빈혈, 영양 장해)을 나타낸다. 예방 원칙으로는 ① 안전한 분변처리, ② 조기 구충 (집단적 구충이 필요), ③ 개인 위생관리, ④ 청정채소 섭취, ⑤ 수육, 어패류의 가열 조리, ⑥ 조리 시 이차 감염 방지 등이 있다.

기생충의 감염경로는 크게 3가지로 구분한다. 채소류, 육류 및 어패류를 통하여 감염 된다.

2. 채소류를 통하여 감염되는 기생충

채소류를 통하여 감염되는 기생충은 중간숙주가 없는 것이 특징이다. 충란이 부착된 채소나 물을 섭취할 때 감염되며, 종류로는 회충, 십이지장충(구충), 편충, 요충, 동양모양선충 등이 있다.

1) 회충 (*Ascaris lumbricoides*)

- 형태: 10 ~ 31 cm(M), 22 ~ 35 cm(F), 1일 평균 20만개 배란,
- 감염: 충란은 분변과 함께 배출되어 흙속에서 2-5주 후 감염형이

되어 채소류를 통하여 경구감염, 인체의 장에서 15시간 안에 탈피하여 간이나 폐로 침입, 소장에서 주로 서식한다. 인체 기생충 중 가장 크다

- 증상: 복통, 권태, 피로, 두통, 발열, 구토, 설사, 복막염
- 특성: 소독 내성, 저온 내성(−15℃에서 생존),
- 처리: 열처리로 제거 가능(65℃ 10분 이상)

2) **십이지장충** (*Ancylostoma duodenale*; hook worm **鉤蟲**)

- 형태: 7~8 ㎜(M), 10~13 ㎜(F), 갈고리가 있음
- 감염: 충란은 분변과 함께 나와 흙속에서 며칠 후 부화하여 막대형 유충이 되고, 탈피하여 감염형 유충이 되어 경피 감염이 된다. 이후 유충이 혈관이나 림프관을 타고 폐순환을 거치고 기관지와 인두를 거친 다음 소장의 점막층에 부착하여 기생한다. 경구감염은 공장부근에 부착하고 기생한다.
- 증상: 공장에 부착하며, 흡혈과 출혈 야기, 급성 위장염, 철 결핍성 빈혈증상
- 처치: 직사광선 1-2일, 또는 70℃ 1초 처리에 사멸, 직사광선에 약함

3) **편충** (*Trichocephalus trichiurus*)

- 형태: 30~45 ㎜(M), 35~50 ㎜(F), whipworm(채찍모양)이라 부름
- 감염: 유충이 음식물을 통하여 경구감염 되면 소장 상부에서 부화되고 유충은 맹장과 대장 상부에서 기생
- 증상: 병해는 심하지 않으나, 빈혈, 신경증상 맹장염 유발
- 처치: 자각 증상이 없어 구충은 어렵다.

4) **요충** (*Enterobius vermicularis*)

- 형태: 2-5 mm(M), 8-13 mm(F), 요충(seat worm)은 농촌보다 도시에 많고, 어린이의 감염율이 높다. 가족이나 집단생활을 하는 보육원 등에 많이 나타난다.
- 감염: 맹장에서 기생하는 요충이 밤에는 장에서 나와 항문 주위에 산란하고, 수 시간 후에 성충이 되어 감염형이 되는데, 이것이 항문 주위를 돌아다녀 가렵다고 손으로 긁게 되며 손에 묻은 균이 입이나 음식물을 통하여 감염된다.
- 증상: 항문이나 회음부의 가려움, 긁힘, 습진, 불면증, 신경증
- 예방: 개인 위생 청결 및 속옷 갈아입기, 구충

5) **동양모양선충** (*Trichostrongylus orinetalis*)

- 형태: 털모양의 아주 가늘고 작은 기생충(4-6 mm: M, 5-7 mm: F)
- 감염: 분변배설 충란 3-4일 후 자충, 유충과 감염형 유충을 거쳐 소장에 부착
- 증상: 불현성 감염, 장점막에 염증 유발, 장염
- 예방: 채소의 세정, 손의 청결, 집단구충

2. 육류에서 감염되는 기생충

소나 돼지를 중간 숙주로 삼아 기생하고, 수육을 날로 먹거나 충분히 가열하지 않았을 때 감염 가능성이 높다.

1) **무구조충** (Beef tape worm) : **쇠고기 촌충, 민촌충**

- 형태: 10-12m, 체절이 1,000개 이상, 두부에 4개의 흡반이 있다.

- 감염: 충란이 분변 배출되어 목초에 묻은 것을 소가 먹으면 장내에서 유구유충이 되어 근육안에 들어가 피낭하여 무구낭충이 된다. 사람에게 기생하면 소장 상부에 기생한다.
- 증상: 복통, 소화불량, 오심, 구토
- 예방: 쇠고기를 충분히 익혀서 섭취

2) 유구촌충(pork tape worm) : 돼지고기 촌충, 갈고리 촌충

- 형태: 2-3m, 체절은 900개 내외, 두부는 22-23개의 갈고리와 4개의 흡반
- 감염: 분변 배출된 충란 중간숙주인 돼지가 섭취하고 소장에서 부화하고 근육속에서 유구낭충이 된다. 이 돼지고기를 사람이 먹으면 감염되고, 소장에서 성충이 된다.
- 증상: 소화불량, 설사, 구토, 공복통
- 예방: 돼지고기를 충분히 익혀서 섭취

3) 선모충

생식 돼지고기가 주요 감염원(서양과 중국에서 주로 보고), 돼지, 개, 고양이 등 여러 포유동물이 종말 숙주

4) 톡소 플라즈마

척추동물에 기생, 감염원 : 돼지, 소, 양고기 생식

3. 어패류에서 감염되는 기생충

- 두 단계의 중간숙주를 거쳐 인체에 감염

1) 간디스토마(*Clonorchis sinensis*, Chinese liver fluke- 간흡충)

- 경로: 유충 → 왜우렁이(제1중간숙주) → 민물고기(제2중간숙주) → 사람
- 증상: 간, 쓸개, 담관에 기생하며 성충이 되고, 대량 증식의 경우 간비대, 복수, 황달, 빈혈 야기. 기생성 간경변, 사망
- 피낭유충(제2중간숙주): 냉동-6일, 식초-4일생존, 55℃에서 15분 끓이면 1분 사멸

2) 폐디스토마(*Paragonimus westermanii*, Lung fluke- 폐흡충)

- 경로: 유충 → 다슬기류(제1중간숙주) → 민물게, 가재(제2중간숙주) → 사람
- 증상: 기침, 객담, 객혈, 흉통
- 피낭유충: 55℃에서 30분 사멸, 식초/간장-2시간 내 사멸

3) 요꼬가와 흡충

- 경로: 유충 → 다슬기류 → 민물고기 (특히 은어) → 사람
- 증상: 불현성 감염, 다수 증식 시 만성장염, 설사, 복통 유발
- 피낭유충: 식초 1시간, 70℃에서 1시간, 10% 소금물 4일 0.3% 염산용액- 생존

4) 광절열두촌충(긴 촌충; 8~10 m)

- 경로: 유충 → 물벼룩 → 민물고기 → 사람
- 증상: 소화기 장애, 빈혈 영양 장해

5) 유극악구충

- 경로: 유충→물벼룩(1중간)→민물고기(가물치, 메기, 뱀장어, 2중간)→(사람), 개, 고양이
- 증상: 종말 숙주의 위벽에 종양을 만들어 기생

6) 아니사키스(Anisakis) : 바다 포유동물을 종말 숙주로 하는 기생충

- 경로: 유충 → 바다 갑각류(1중간) → 바다 물고기(내장, 근육, 2중간))→사람
- 예방: 50℃에서 10분, 55℃에서 2분 사멸, −10℃에서 6시간
- 예방: 바다 물고기(날 오징어, 생선회)의 생식 금지

표 7-1 기생충과 중간숙주

감염 경로	중간숙주		종류
	제1중간숙주	제2중간숙주	
충란 오염 식품, 물	없다		회충, 요충, 편충, 구충, 동양모양선충
육류	쇠고기		무구조충(민촌충)
	돼지고기		유구조충(돼지고기촌충)
어패류	왜우렁이	붕어, 잉어	간흡충(간디스토마)
	다슬기	민물게, 가재	폐흡충(폐디스토마)
	바다 갑각류	바다 물고기	아니사키스

7-2. 위생 동물

식품위생과 밀접한 관계가 있는 위생동물로는 파리, 진드기, 바퀴, 쥐 등이 있다. 이들 중 진드기는 직접적인 발병의 원인이 되기도 하나, 일반적으로는 다른 병원균을 옮기는 매개체 역할을 한다.

1. 파리 (Fly)

- 매개질병: 이질, 장티푸스, 콜레라, Salmonella증, 아메바성이질, 소아마비, 나병, 화농성 질환, 기생충의 알 전파
- 구제법: 환경개선

2. 모기

- 질병: 말라리아, 일본뇌염, 사상충증, 뎅기열
- 생활: 숙주를 찾는 1차 원인은 이산화탄소, 2차요인은 시각, 체온, 습기이다.

3. 진드기

- 손상: 식품 손상 및 변질, 인체진드기증(식신혈충증), 얼러지성 천식, 피부염
- 생활: 20℃ 이상의 온도와 13% 이상의 수분이 있어야 식품 중에 발생 함동, 식물에 기생, 생활사는 알→유충→약충→성충을 거친다.
- 구제: 식품의 밀봉, 10% 이하의 수분함량 건조, 가열, 냉동, 저온보존, 약제 사용.

4. 바퀴

- 질병: 세균, 기생충, 바이러스 등 질병 전파
- 생활: 밤에 활동, 잡식성, 독일바퀴가 흔함

5. 쥐 : 시궁쥐(집쥐), 지붕쥐, 생쥐

- 피해: 식해, 병원성매개
- leptospirosis, pest, Salmonella 식중독, 발진열, 기생충전파

- 구제: 살서제-warfarin (coumarin계의 만성 출혈독제: 혈액 응고 저해제)

제 7장 ☘ 연습문제 ☘

1. 채소로부터 감염되는 기생충으로 짝지어진 것은?

① 편충, 동양모양선충

② 폐흡충, 회충

③ 구충, 선모충

④ 회충, 무구조충

2. 인분을 사용한 밭에서 특히 경피적 감염을 주의해야 하는 기생충은?

① 십이지장충

② 요충

③ 회충

④ 말레이사상충

3. 무구조충(민촌충) 감염의 올바른 예방대책은?

① 게나 가재의 가열 섭취

② 음료수의 소독

③ 채소류의 가열 섭취

④ 소고기의 가열 섭취

4. 돼지고기를 날 것으로 먹거나 불완전하게 가열하여 섭취할 때 감염될 수 있는 기생충은?

① 유구조충

② 무구조충

③ 광절열두조충

④ 간디스토마

5. 기생충과 중간숙주의 연결이 틀린 것은?

① 십이지장충 - 모기

② 말라리아 - 사람

③ 폐흡충 - 가재, 게

④ 무구조충- 소

6. 피부감염이 가능한 기생충은?

① 회충

② 십이지창충

③ 편충

④ 요충

7. 왜우렁이를 먹고 기생충에 걸렸다면 의심되는 기생충은?

① 폐디스토마

② 간디스토마

③ 십이지장충

④ 편충

8. 해산어에 존재하는 기생충은

① 유구조충

② 무구조충

③ 아니사키스

④ 광절열두조충

9. 다음 중 중간숙주 없이 감염이 가능한 기생충은?

① 아니사키스

② 회충

③ 폐흡충

④ 간흡충

10. 접촉감염성 기생충으로 어린이와 집단시설에서 잘 감염되는 기생충은?

① 회충

② 구충

③ 요충

④ 아니사키스

11. 오염된 토양에서 맨발로 작업할 경우 감염될 수 있는 기생충은?

① 회충

② 간흡충

③ 폐흡충

④ 구충

12. 쇠고기를 날 것으로 섭취했을 때 감염 가능한 기생충은?

① 유구조충

② 무구조충

③ 생석회

④ 간흡충

13. 간흡충의 제2중간 숙주는?

① 다슬기

② 가재

③ 고등어

④ 붕어

14. 육류의 기생충으로 고양이, 쥐, 소, 양, 닭 등의 온혈동물에 존재하며, 림프샘 팽창과 근육통증을 수반하는 것은?

① 선모충

② 톡소플라즈마증

③ 민촌충

④ 갈고리촌충

15. 쥐에 의하여 옮겨지는 감염병은?

① 유행성이하선염

② 페스트

③ 파상풍

④ 일본뇌염

16. 기생충과 인체감염원인 식품의 연결이 틀린 것은?

① 유구조충 - 돼지고기

② 무구조충 - 쇠고기

③ 동양모양선충 -민물고기

④ 아니사키스 - 바다생선

17. 채소류를 매개로 감염될 수 있는 기생충이 아닌 것은?

① 회충

② 유구조충

③ 구충

④ 편충

18. 매개 곤충과 질병이 잘못 연결된 것은?

① 이 - 발진티푸스

② 쥐벼룩 - 페스트

③ 모기 - 사상충증

④ 벼룩 - 렙토스피라증

19. 채소를 통하여 매개되는 기생충으로 옳은 것은 ?

① 무구조충

② 아니사키스

③ 간디스토마

④ 십이지장충

⑤ 톡소플라스마

20. 학교에서 공동생활을 하는 어린이에게 많이 나타나는 기생충은 ?

① 회충

② 편충

③ 요충

④ 선모충

⑤ 간디스토마

01-①, 02-①, 03-④, 04-①, 05-①, 06-②, 07-②, 08-③, 09-②, 10-③, 11-④, 12-②, 13-④, 14-②, 15-②, 16-③, 17-②, 18-④, 19-④, 20-③

제 8장

식품첨가물

식품위생학

8-1. 식품첨가물

1. 식품첨가물의 개요

1) 식품첨가물 정의

식품위생법 제2조(정의)에서는 "식품첨가물"이란 식품을 제조、가공、조리 또는 보존하는 과정에서 감미(甘味), 착색(着色), 표백(漂白) 또는 산화방지 등을 목적으로 식품에 사용되는 물질을 말한다. 이 경우 기구(器具)、용기、포장을 살균、소독하는 데에 사용되어 간접적으로 식품으로 옮아갈 수 있는 물질을 포함한다.라고 정의하고 있다. 일반적으로 가공, 보존, 품질향상이 되도록 고의적으로 첨가된 화학물질을 의미한다. 식품첨가물은 식품의 제조 · 가공 시 식품에 발휘되는 식품첨가물의 기술적 효과에 따라 “용도”라는 표현으로 32 가지의 용도에 대한 식품첨가물을 분류하여 사용되고 있다. 현재 우리나라는 화학적 합성품 400종과 첨연첨가물 195종이 지정되어 있는 실정이다. CODEX는 “식품첨가물은 일반적으로 그 자체를 식품으로서 섭취하지 않고, 영양적 가치에 상관없이 식품의 일반 성분으로서 사용되지 않는 물질을 의미하며, 식품의 제조, 가공, 조리, 처리, 포장 및 보관 시에 기술적인 목적을 달성하기 위해 식품에 첨가하여 효과를 나타내거나, 직접 또는 간접적으로 식품에 효과를 나타낼 것으로 기대되거나, 그 부산물이 식품의 구성성분이 되거나, 식품의 특성에 영향을 끼칠 수 있는 물질을 말함. 다만, 오염물질, 영양적 품질 개선을 목적으로 첨가하는 물질은 제외됨.” 라고 정의하고 있다.

2) 식품 첨가물의 조건

- 인체에 대해 해로운 영향이 없을 것(안전성의 확보),
- 사용목적에 따른 효과를 소량으로 나타내며
- 식품 제조가공에 필수 불가결할 것(실제적 효능)
- 식품 영양가를 유지시키며,
- 나쁜 변화를 유발하지 않고
- 외관을 좋게 하며, 소비자에 이익이 될 것
- 분석학적 측정에 의해 첨가물을 확인 가능할 것

2) 안전성 평가기준

- 독성(toxicity): 급성독성, 아급성독성, 만성독성
- 발암성(carcinogenicity)
- 유전독성(mutagenicity)
- 최기형성(teratogenicity)
- 번식독성(reproductive toxy test)

3) 1일 섭취허용량 (Acceptable daily intake, ADI)

사람이 어떤 물질을 매일 먹어도 유해한 작용을 일으키지 않는 양으로 체중 1 kg 당 mg으로 나타낸다. 최대 무작용량(식품첨가물이 동물실험에서 독성을 나타내지 않는 최대의 양(No observed effect level, NOEL)을 구하고 실험 동물 종간의 차이(10배를 나눈 1/10)와 사람과 사람의 차이(10배를 나눈 1/10)를 고려하여 100분의 1 수준의 안전계수를 적용하여 1일 섭취 허용량(mg/kg of body weight/day)을 결정한다. 즉, 일생에 걸쳐 먹어도 안전한 용량을 의미한다.

2. 첨가물의 용도 및 정의

우리나라의 식품첨가물 공전에서는 식품첨가물의 용도를 32가지로 분류하고 있으며, 이들은 화학적 합성품 400종과 첨연첨가물 195종으로 구성되어 있다.

표 8-1 식품첨가물의 용도 및 정의

번호	용도	정의
1	감미료	식품에 단맛을 부여하는 식품첨가물
2	고결방지제	식품의 입자 등이 서로 부착되어 고형화 되는 것을 감소시키는 식품첨가물
3	거품제거제	식품의 거품 생성을 방지하거나 감소시키는 식품첨가물
4	껌기초제	적당한 점성과 탄력성을 갖는 비영양성의 씹는 물질로서 껌 제조의 기초 원료가 되는 식품첨가물
5	밀가루 개량제	밀가루나 반죽에 첨가되어 제빵 품질이나 색을 증진시키는 식품첨가물
6	발색제	식품의 색을 안정화시키거나, 유지 또는 강화시키는 식품첨가물
7	보존료	미생물에 의한 품질 저하를 방지하여 식품의 보존기간을 연장시키는 식품첨가물
8	분사제	용기에서 식품을 방출시키는 가스 식품첨가물
9	산도조절제	식품의 산도 또는 알칼리도를 조절하는 식품첨가물
10	산화방지제	산화에 의한 식품의 품질 저하를 방지하는 식품첨가물
11	살균제	식품 표면의 미생물을 단시간 내에 사멸시키는 작용을 하는 식품첨가물
12	습윤제	식품이 건조되는 것을 방지하는 식품첨가물
13	안정제	두 가지 또는 그 이상의 성분을 일정한 분산 형태로 유지시키는 식품첨가물
14	여과보조제	불순물 또는 미세한 입자를 흡착하여 제거하기 위해 사용되는 식품첨가물
15	영양강화제	식품의 영양학적 품질을 유지하기 위해 제조공정 중 손실된 영양소를 복원하거나, 영양소를 강화시키는 식품첨가물
16	유화제	물과 기름 등 섞이지 않는 두 가지 또는 그 이상의 상(phases)을 균질하게 섞어주거나 유지시키는 식품첨가물
17	이형제	식품의 형태를 유지하기 위해 원료가 용기에 붙는 것을 방지하여 분리하기 쉽도록 하는 식품첨가물
18	응고제	품 성분을 결착 또는 응고시키거나, 과일 및 채소류의 조직을 단단하거나 바삭하게 유지시키는 식품첨가물
19	제조용제	식품의 제조·가공 시 촉매, 침전, 분해, 청징 등의 역할을 하는 보조제 식품첨가물
20	젤형성제	젤을 형성하여 식품에 물성을 부여하는 식품첨가물
21	증점제	식품의 점도를 증가시키는 식품첨가물
22	착색료	식품에 색을 부여하거나 복원시키는 식품첨가물

23	청관제	식품에 직접 접촉하는 스팀을 생산하는 보일러 내부의 결석, 물 때 형성, 부식 등을 방지하기 위하여 투입하는 식품첨가물
24	추출용제	유용한 성분 등을 추출하거나 용해시키는 식품첨가물
25	충전제	산화나 부패로부터 식품을 보호하기 위해 식품의 제조 시 포장 용기에 의도적으로 주입시키는 가스 식품첨가물
26	팽창제	가스를 방출하여 반죽의 부피를 증가시키는 식품첨가물
27	표백제	식품의 색을 제거하기 위해 사용되는 식품첨가물
28	표면처리제	식품의 표면을 매끄럽게 하거나 정돈하기 위해 사용되는 식품첨가물
29	피막제	식품의 표면에 광택을 내거나 보호막을 형성하는 식품첨가물
30	향미증진제	식품의 맛 또는 향미를 증진시키는 식품첨가물
31	향료	식품에 특유한 향을 부여하거나 제조공정 중 손실된 식품 본래의 향을 보강시키는 식품첨가물
32	효소제	특정한 생화학 반응의 촉매 작용을 하는 식품첨가물

(자료출처: 식품의약품안전처, 2018)

- 복합물질: 다른 식품으로부터 추출된 단백질이나 전분
- 화학합성품: 자연적으로 발생한 잘 규정된 화학합성품

  예) 소금, 인산염, ascorbate)
- 합성물질: 합성에 의해 생성된 물질

  예) 콜타르, 베타-카로틴, 항산화제

3. 식품 첨가물의 종류

1) 보존료

(1) 작용

식품 저장 중 미생물의 증식과 효소 활성을 억제하는 정균작용을 위해 첨가한다. 부패 방지, 신선도 보존 및 영양가 손실 방지목적

(2) 종류

① 디하이드로 초산 (DHA) 및 디하이드로 초산 나트륨

- 치이즈, 버터, 마아가린 외 사용금지 (0.5g/kg 이하)

② 소르빈산 및 소르빈산 칼륨

- 치즈, 식육가공품, 어육가공품(0.1g/kg ~ 1g/kg 정도)

③ 안식향산 및 안식향산 나트륨

- pH 4 이하에서 사용하며, 물에 잘 녹아 사용이 편리

- 청량음료수, 간장, 알로에즙 외 사용금지(음료 0.6g/kg 이하)

④ 파라 옥시 안식향산 에스테르류

- 주로 진균 발육저지 (0.1g/kg ~ 1g/kg 농도에서 사용)

⑤ 프로피온산 및 프로피온산 칼슘

- 주로 산성에서 항세균제로 사용

- 빵, 생과자 외 사용금지(빵류 2.5g/kg 이하)

⑥ 아초산 나트륨

- 곰팡이, rope 생성균 발육 억제

2) 살균료

(1) 작용

식품이나 주위 환경에 존재하는 부패 미생물, 식중독 원인균 및 전염병균의 사멸을 목적으로 사용한다.

(2) 종류

① 차아염소산나트륨(NaOCl, sodium hypochlorite)

- 주로 용기, 기구, 식기, 먹는 물 소독, 과일、야채 세척에 사용

- 참깨에 사용하면 안됨

② 과산화수소(H_2O_2: sodium hydroxide)

- 살균, 소독제로 사용, 식품은 최종 완성 이전에 분해 또는 제거하야 함

③ 표백분($CaCl_2O_2$: calcium hypochlorite)

- 살균, 소독제로 사용, 식품은 최종 완성 이전에 분해 또는 제거하야 함

3) 산화방지제

(1) 작용

공기 중의 산소에 의해 식품 성분 중 유지의 산패에 따른 변질이 되는 것을 방지하는 작용을 한다. 특히 지질 산패 반응을 억제한다.

(2) 종류

① BHT(bibutyl hydroxy toluene)

- 유지, 버터, 어개(건제품, 염장품, 냉동품), 껌외 사용금지(0.05~1g/kg)

② BHA (butyl hydroxy anisole)

- 용도는 BHT와 유사

③ TBHQ(tertiary butyl hydroquinone)

- 용도는 BHT와 유사

④ propyl gallate(사용량 0.005 % 정도)

- 용도는 식용유지류, 식용우지, 식용돈지, 버터류(0.1g/kg 이하)

⑤ DL-alpha-tocopherol

- 용도는 영양강화, 산화방지, 사용 제한이 없음

⑥ 에리소르빈산, 및 에리소르빈산 나트륨

- 사용제한이 없음

⑦ 아스코르빈산 및 아스코르빈산 칼슘

- 사용제한이 없음

⑧ 아스코르빈산 팔미테이트, 이스코르빈산 스테아레이트

- 식용유지;, 식용우지, 식용돈지에 사용(0.5g/kg 이하)

⑨ EDTA 및 EDTA 염

- 드레싱, 통조림, 병조림, 음료류, 서류가공품에 사용

4) 착색료

(1) 작용

식품의 색깔은 조리나 가공하는 과정에서 탈색되거나 변색되어 본래의 색을 유지하기가 어렵다. 가공 중 탈색된 색을 복원하거나, 외관을 보기 좋게 하여 식욕을 촉진하거나 가치를 증진시키기기 위해 첨가하는 물질을 말한다. 현재까지는 허용된 색소는 타르계 색소 12종, 알루미늄 레이크 8종, 비타르계 색소 9종으로 총 29종이 있다.

(2) 종류

① 타르계 식용색소

- 식용타르 색소는 단독 또는 알루미늄 레이크와 같이 사용

② 비타르계 착색료

- 천연색소: 베타카로틴, 수용성 안나토, 삼이산화철, 동 클로로필린 나트륨

5) 발색제

(1) 작용

자기 자신은 무색이지만 식품 중의 색소성분과 반응하여 색을 고정, 또는 발색시키게 하는 물질이다.

(2) 종류

① 아질산 나트륨($NaNO_2$, sodium nitrite)

- 식육, 경육식품, 어육소세지, 어육햄 외 사용금지
- 근육단백질인 미오글로빈이 혈액단백질인 헤모글로빈과 반응하여 니트로소미오글로빈이나 니트로소헤모글로빈이을 생성하여 선홍색을 유지식육가공품(0.07g/kg 이하)
- 아질산나트륨은 2급아민류와 반응하여 발암물질인 니트로소아민을 생성하기도 한다.

② 질산 나트륨($NaNO_3$, sodium nitrate) , 질산 칼륨

- 식품 중에서 세균에 의해 아질산염으로 환원된 다음 발색제로 작용

③ 황산 제일철($FeSO_4$, ferrous sulfate)

- 사용기준 없음

6) 표백제

(1) 작용

식품 본래의 색을 없애거나, 무색의 물질로 만들기 위해 사용하는 물질이다. 표백에는 산화와 환원 작용을 이용한다. 산화형에는 과산화수소, 과산화벤조일, 차아염소산나트륨이 있다. 환원형에는 메타중아황산나트륨, 아황산나트륨, 산성아황산나트륨, 차아황산나트륨 등이 있다.

(2) 종류

① 과산화 수소

- 최종 제품에는 제거해야 된다.

② 차아황산나트륨, 메타중아황산나트륨, 아황산나트륨, 산성아황산나트륨

- 박고지, 과실주스·농축과즙(0.15g/kg 이하), 과실주(0.5g/kg), 건조채소류

7) 감미료

(1) 작용

식품에 단맛을 부여하는 물질로 천연당류를 제외한 인공 합성감미료를 말한다.

(2) 종류

① 당알코올류

- 솔비톨, 말티톨, 락티톨, 자일리톨, 만니톨
- 당을 환원시켜 제조, 저칼리, 고감미

② 글리시리진산 나트륨

- 감초의 감미 성분, 감미도는 설탕의 200배, 된장과 간장에만 사용가능

③ 스테비오사이드

- 스테비아 추출물, 감미도 200배

④ 아스파탐

- 아스파트산과 페닐알라닌 합성, 감미도 200배, 당뇨 환자용

⑤ 사카린

- 감미도 500배, 사용 농도 제한(0.08 ~ 1.2g/kg)

8) 조미료

(1) 작용

식품에 맛난 맛을 부여하기 위해 첨가하는 물질이다. 사용기준이 없으나, 최근에 지나친 첨가를 권장하고 있다. 조미료는 핵산계, 아미노산계, 유기산계 및 무기염류로 구분한다.

(2) 종류

① 핵산계 조미료

- 5 '-IMP, 5'-GMP, 리보뉴클레오타이드 염

② 아미노산계 조미료

- L-글루탐산나트륨(MSG), DL-알라닌, 글리신

③ 유기산계 조미료

- 구연산나트륨, 호박산, L-주석산나트륨, DL-사과산 나트륨

④ 무기염류

- 염화나트륨, 황산아연

9) 산미료

(1) 작용

식품에 신맛(산미) 부여를 목적으로 첨가한다. 성분으로는 유기산과 무기산이 있고, 신맛의 본체는 물질의 분자가 물에 해리되어 존재하는 수소이온에 기인한다. 종류로는 구연산, 빙초산, 초산, 젖산, 호박산, 푸마르산, 아디핀산, 이산화탄소 등이 있다.

(2) 종류

① 유기산: 초산, 주석산, 구연산, 호박산, 젖산, 푸마르산 등과 그 염류

10) 착향료

(1) 작용

식품 자체의 냄새를 없애거나, 변화 및 강화를 위해 첨가하는 물질이다. 천연과 합성향료가 존재한다.

① 수성향료

- 물이나 알코올을 사용하여 만든 것(essence)

② 유성향료

- 프로필렌글리콜이나 천연의 정유에 녹인 것(oil)

③ 유화향료

- 천연의 정유나 합성향료에 유화제를 첨가하여 혼합한 것(conc)

④ 분말향료

- 분말에 향료를 혼합한 것, 향료(유화제에 섞은)와 수용성 부형제(유당, 포도당)를 혼합하여 분부ㆍ건조한 것. 취급이 용이하고, 장기 보존이 가능

12) 밀가루 개량제

(1) 작용

제분된 밀가루의 표백 및 숙성기간을 단축시키고, 제빵 저해 물질의 파괴 및 살균을 목적으로 첨가한다.

(2) 종류

① 과산화 벤조일

② 과황산 암모늄

③ 브롬산 칼륨

– 어육식품의 씹는 맛 보조제

예) 소맥분, 어육, 연제품외 사용 금지

13) 품질 개량제

(1) 작용

식품의 결착력 증대, 변질 및 변색 방지, 맛의 조성, 풍미 향상, 조직 개량 등에 사용한다.

(2) 종류

① 인산염

② 중합인산염

14) 호료 (증점제)

(1) 작용

식품에 첨가하면 매끈하고, 점성증가, 분산안정제, 결착보수제, 피복제 효과를 위해 첨가한다.

(2) 종류

① 메틸 셀루로스, CMC

② 잔탄껌

③ 알긴산 나트륨

④ 젤라틴

⑤ 카제인 등

15) 유화제

(1) 작용

유화제는 서로 혼합되지 않는 2종류의 액체를 유화시키기 위해 첨가한다.

(2) 종류

① 글리세린 지방산에스테르

- 비스켓, 마아가린, 아이스크림 등에 이용

② 대두 인지질(레시틴)

- 초코릿, 캐러멀

③ 솔비탄지방산 에스테르

- 버터크림, 빵크림

16) 용제

(1) 작용

각종 첨가물을 용해하여 식품에 균일하도록 하기 위한 목적으로 사용한다. 물과 유지에도 잘 녹는 성질을 가지고 있다.

(2) 종류

① 글리세린

② 프로필렌글리콜

17) 이형제

(1) 작용

빵을 구울 때 틀에서 빵을 분리하기 위해 사용하는 첨가물이다.

(2) 종류

① 유동 파라핀

- 잔존량 0.15%

18) 추출제

(1) 작용

식품 중의 특정한 성분을 추출하기 위해 위해 사용하는 물질이다.

(2) 종류

① 핵산

- 식용유지 제조시의 유지 추출 외는 금지, 최종 제품 전에 제거하여야 함

19) 소포제

(1) 작용

식품 제조공정에서 생성되는 거품을 소멸하거나 억제하기 위해 사용

하는 물질이다.

(2) 종류

① 규소 수지(silicone resin)

20) 피막제

(1) 작용

피막제는 과실, 채소를 채취한 후, 장시간 선도를 유지하기 위해 표면에 피막을 만들어 호흡 및 증산작용을 억제하기 위해 사용하는 물질을 말한다.

(2) 종류

① 모르포린 지방산 염, 초산 비닐 수지

– 2 품목만 허용

21) 영양 강화제

(1) 작용

식품의 영양학적 품질을 유지하기 위해 제조공정 중 손실된 영양소를 복원하거나, 영양소를 강화시키는 식품첨가물이다.

(2) 종류

① 비타민류

– 니코틴산, 니코틴산 아미드, 디벤조티아민 및 염, 비타민 A, B1,

B2, B6, B12, C, D_2, E, 바이오틴, 판토테닉산

② 아미노산류

- 라이신, 메티오닌, 발린, 트레오닌, 이소로이신, 트립토판, 페닐알라닌, 시스틴등

③ 철제 :구연산 철,

④ 칼슘제 : 구연산 칼슘, 젖산 칼슘, 제 1인산 칼슘, 제 2인산 칼슘, 탄산칼슘,

⑤ 기타

22) 껌 기초제

(1) 작용

적당한 점성과 탄력성을 갖는 비영양성의 씹는 물질로서 껌 제조의 기초 원료가 되는 식품첨가물식품 제조 시 첨가제이다.

(2) 종류

① 에스테르 껌

② 초산비닐 수지 (피막제로도 사용)

③ 폴리부텐

④ 폴리이소부틸렌 : 껌외 사용금지

23) 팽창제

(1) 작용

빵, 과자 등을 만드는 과정중 이산화탄소 암모니아 등의 가스를 발생시켜 부풀게 하고, 연하고 맛을 좋게 하며, 소화되기 쉽게 하기 위해 사

용하는 첨가제이다.

(2) 종류

① 산팽창제

- 황산알루미늄칼륨(명반, 소명반), 주석산수소칼륨, 산성피로인산나트륨, 글루코노델타 락톤

② 알칼리팽창제

- 탄산수소나트륨, 탄산수소암모늄, 탄산암모늄, 염화암모늄,

③ 산,알칼리팽창제

-황산알루미늄암모늄(암모늄명반, 소암모늄명반)

24) 제조용제

(1) 작용

식품의 제조 · 가공 시 촉매, 침전, 분해, 청징 등의 역할을 하는 보조제 식품첨가물이다.

(2) 종류

① 양조용 첨가제

- 주류, 장류, 기타 발효식품에서의 수질 교정, 영양원, pH 조정 등을 위해 첨가
- 종류: 염화마그네슘 (두부 응고제로도 사용)
  인산, 제 1인산 칼륨, 초산 나트륨, 황산 나트륨, 황산 암모늄, 건조효모

25) 기타

(1) 분리 및 정제제

- 불순물, 냄새물질, 색소물질등을 분리, 정제하기 위해 사용
- 종류: 규조토, 벤토나이트, 산성 백토, 이온교환수지(최종 식품 완성전에 제거하여야 함) 탈크, 활성탄, 아크릴 아미드(당의 정제외 사용금지)

(2) 방충제

- 곡류저장 시 곤충이 서식하는 것을 방지
- 종류: 피페로릴 부톡사이드, 곡류외 사용 금지

(3) 훈증제

- 훈증 살균에 사용
- 종류: 에틸렌 옥사이드- 천연조미료의 훈증제로만 사용

(4) 가수분해제

- 당이나 단백질의 가수분해를 위해 사용
- 종류: 수산, 염산, 황산 (최종 식품 완성 전에 제거하여야 함)

(5) 중화제

- 가수분해제 사용 후 중화 시 사용
- 종류: 수산화나트륨, 탄산나트륨, 탄산칼슘 등

(6) 항케이크제

- 식품 원료가 덩어리지는 것을 방지
- 종류: 실리콘 알루미산 나트륨

제 8장 ☘ 연 습 문 제 ☘

1. 식품위생법상 "식품을 제조 · 가공 또는 보존하는 과정에서 식품에 넣거나 섞는 물질 또는 식품을 적시는 등에 사용하는 물질"로 정의된 것은?

① 식품첨가물

② 화학적 합성품

③ 항생제

④ 의약품

2. 소시지 등 가공육 제품의 육색을 고정하기 위해 사용하는 식품첨가물은?

① 발색제

② 착색제

③ 강화제

④ 보존제

3. 식품첨가물의 주요용도 연결이 옳은 것은?

① 삼이산화철－표백제

② 이산화티타늄－발색제

③ 명반－보존료

④ 호박산－산도 조절제

4. 사용이 허가된 산미료는?

① 구연산

② 계피산

③ 말톨

④ 초산에틸

5. 식품첨가물 중 보존료의 목적을 가장 잘 표현한 것은?

① 산도 조절

② 미생물에 의한 부패 방지

③ 산화에 의한 변패 방지

④ 가공과정에서 파괴되는 영양소 보충

6. 관능을 만족시키는 식품첨가물이 아닌 것은?

① 동클로로필린나트륨

② 질산나트륨

③ 아스파탐

④ 소르빈산

7. 안식향산(benzoic acid)의 사용 목적은?

① 식품의 산미를 내기 위하여

② 식품의 부패를 방지하기 위하여

③ 유지의 산화를 방지하기 위하여

④ 식품의 향을 내기 위하여

8. 색소를 함유하고 있지는 않지만 식품 중의 성분과 결합하여 색을 안정화시키면서 선명하게 하는 식품첨가물은?

① 착색료

② 보존료

③ 발색제

④ 산화방지제

9. 다음 중 산화방지를 위해 사용하는 식품첨가물은?

① 아스파탐

② 디부틸히드록시톨루엔

③ 이산화티타늄

④ 글리신

10. 식품첨가물의 사용목적과 첨가물이 잘못 연결된 것은?

① 착색료 : 철클로로필린 나트륨

② 산미제 : 벤조피렌

③ 표백제 : 메타중아황산칼륨

④ 감미료 : 삭카린나트륨

11. 식품제조 공정 중 거품이 많이 날 때 거품제거의 목적으로 사용되는 식품첨가물은?

① 용제

② 소포제

③ 피막제

④ 보존제

12. 다음 식품첨가물 중 보존료가 아닌 것은?

① 데히드로초산

② 소르빈산

③ 벤조산

④ 부틸히드록시 아니솔

13. 빵을 비롯한 밀가루제품에서 적당한 형태를 갖추게 하기 위해서 첨가되는 첨가물은?

① 팽창제

② 유화제

③ 피막제

④ 산화방지제

14. 다음 식품첨가물 중 유해한 착색료는?

① 아우라민

② 둘신

③ 롱가릿

④ 붕산

15. 다음 중 표백제가 아닌 것은?

① 과산화수소

② 취소산칼륨

③ 차아황산나트륨

④ 아황산나트륨

16. 식품의 신맛을 부여하기 위하여 사용되는 첨가물은?

① 산미료

② 향미료

③ 조미료

④ 강화제

17. 다음 식품첨가물중 유지의 산화방지제는?

① 소르빈산 칼륨

② 차아염소산 나트륨

③ 몰식자산 프로필

④ 아질산나트륨

18. 식용유 제조시 사용되는 식품첨가물 중 n-hexane(핵산)의 용도는?

① 추출제

② 유화제

③ 향신료

④ 보존료

19. 빵을 제조하는 과정에서 반죽 후 분할기로부터 분할할 때 및 구울 때 이형의 목적으로 사용하는 첨가제는?

① 유동파라핀

② 글리세린

③ 규소수지

④ 천연껌

20. 다음 식품첨가물 중 보존료가 아닌 것은?

① 데히드로초산

② 소르빈산

③ 벤조산

④ 부틸히드록시 톨루엔

21. 식품 첨가물과 사용목적을 표시한 것 중 잘못된 것은?

① 초산비닐수지- 껌기초제

② 글리세린- 살균료

③ 탄산암모늄- 팽창제

④ 규소수지- 소포제

22. 치즈, 버터 및 마가린외 사용이 금지되어 있는 것은?

① 데히드로초산나드륨

② 소르빈산 칼슘

③ BHA

④ 안식향산

23. 빵 제조 시 이용되는 보존료는?

① 프로피온산나트륨

② 안식향산나트륨

③ 차아염소산나트륨

④ 고도 표백분

24. 부틸하이드록시톨루엔(Butylhydroxy toluene)의 주된 용도는?

① 살균제

② 산화방지제

③ 보존료

④ 조미료

25. 과일이나 과채류를 채취 후 선도 유지를 위해 표면에 막을 만들어 호흡 조절 및 수분 증발 방지의 목적에 사용되는 것은?

① 품질개량제

② 이형제

③ 피막제

④ 강화제

01-①, 02-①, 03-④, 04-①, 05-②, 06-④, 07-②, 08-④, 09-②, 10-②, 11-②, 12-④, 13-①, 14-①, 15-②, 16-①, 17-③, 18-①, 19-①, 20-④, 21-②, 22-①, 23-①, 24-②, 25-③

제 9장

위해요소중점관리기준

9-1. HACCP의 개요

1. HACCP 정의

HACCP(hazard analysis and critical control point)란 위해요소분석(hazard analysis)의 영문 약자로 해썹 또는 식품안전관리인증기준이라고 부른다.

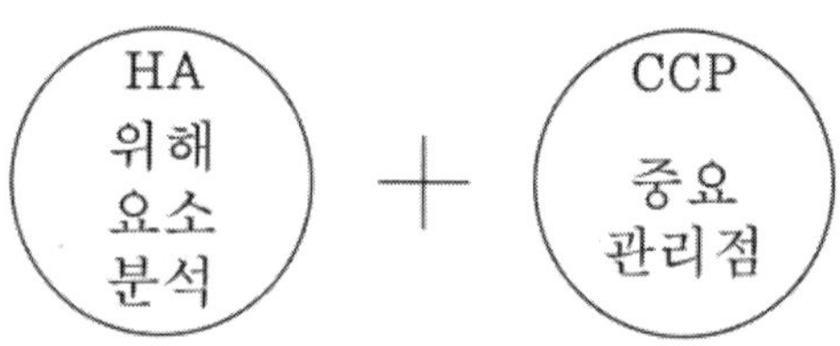

그림 9-1 위해요소분석과 중요관리점

HA(위해요소분석)란? 원료와 공정에서 발생 가능한 병원성 미생물 등 생물학적 · 화학적 · 물리적 위해요소를 분석하는 것이다. CCP(중요관리점)이란? 위해요소를 예방, 제거 또는 허용수준으로 감소시킬 수 있는 공정이나 단계를 중점관리 하는 것을 말한다. 즉, 해썹(HACCP)란 식품의 원재료부터 제조, 가공, 보존, 유통, 조리단계를 거쳐 최종소비자가 섭취하기 전까지의 각 단계에서 발생할 우려가 있는 위해요소를 규명하고, 이를 중점적으로 관리하기 위한 중요관리점을 결정하여 자율적이며 체계적이고 효율적인 관리로 식품의 안전성을 확보하기 위한 과학적인 위생관리체계라고 할 수 있다. 해썹(HACCP)은 전 세계적으로 가장 효과적이고 효율적인 식품 안전 관리 체계로 인정받고 있으며, 미국, 일본, 유럽연합, 국제기구(Codex, WHO, FAO) 등에서도 모든 식품에 해썹을 적용할 것을 적극 권장하고 있다(출처: 한국식품안전관리인증원 자료 참조).

2. HACCP 적용대상 식품

우리나라는 해썹과 관련하여서는 「식품위생법」 제48조(식품안전관리인증기준), 「식품위생법 시행령」 제33조(식품안전관리인증기준), 제34조(식품안전관리인증기준적용업소에 관한 업무의 위탁 등) 「식품위생법 시행규칙」 제62조(식품안전관리인증기준 대상 식품), 제68조(식품안전관리인증기준적용업소에 대한 출입 · 검사 면제) 「식품 및 축산물 안전관리인증기준」 (식품의약품안전처고시 제2015-97호, 2015.12.22.)에서 다루고 있다.

HACCP 적용대상 식품은 식품위생법 제48조제2항에서 "총리령으로 정하는 식품"이란 다음 각 호의 어느 하나에 해당하는 식품을 말한다. **〈개정 2017. 12. 29.〉**

1) 수산가공식품류의 어육가공품류 중 어묵 · 어육소시지
2) 기타수산물가공품 중 냉동 어류 · 연체류 · 조미가공품
3) 냉동식품 중 피자류 · 만두류 · 면류
4) 과자류, 빵류 또는 떡류 중 과자 · 캔디류 · 빵류 · 떡류
5) 빙과류 중 빙과
6) 음료류[다류(茶類) 및 커피류는 제외한다]
7) 레토르트식품
8) 절임류 또는 조림류의 김치류 중 김치(배추를 주원료로 하여 절임, 양념혼합과정 등을 거쳐 이를 발효시킨 것이거나 발효시키지 아니

한 것 또는 이를 가공한 것에 한 한다.)

9) 코코아가공품 또는 초콜릿류 중 초콜릿류

10) 면류 중 유탕면 또는 곡분, 전분, 전분질원료 등을 주원료로 반죽하여 손이나 기계 따위로 면을 뽑아내거나 자른 국수로서 생면·숙면·건면

11) 특수용도식품

12) 즉석섭취·편의식품류 중 즉석섭취식품

12의2. 즉석섭취·편의식품류의 즉석조리식품 중 순대

13) 식품제조·가공업의 영업소 중 전년도 총 매출액이 100억원 이상인 영업소에서 제조·가공하는 식품

9-2. 해썹의 적용절차

1. 적용절차

1) 해썹(HACCP) 추진팀 구성 및 역할분담

- 해썹(HACCP)시스템의 확립과 운용을 주도적으로 담당할 해썹 팀 구성
- 품질관리, 생산, 공무, 연구개발 등 다양한 분야의 직원으로 구성
- 팀장 및 팀원별로 각각 구체적이고 실질적인 역할을 분담

2) 현장위생점검 및 시설·설비 개보수

- 식품을 위생적으로 생산·조리하기 위한 기본적인 위생시설·설비

및 위생관리 현황을 점검

- 기본적인 GMP, SSOP 구축 · 운영에 필요한 문제점을 개선 · 보완

3) 선행요건프로그램 기준서 작성 및 현장 적용

- 영업장, 위생, 제조시설 · 설비, 냉장 · 냉동설비, 용수, 보관 · 운송, 검사, 회수프로그램 관리를 포함하는 선행요건 프로그램 기준서를 작성
- 현장 적용 후 실행상의 문제점 · 개선점을 파악, 기준서를 개정

4) 제품설명서, 공정흐름도면 등 작성

- 제품성분, 규격, 유통기한, 사용용도 등을 포함하는 제품설명서를 작성
- 제조 · 가공 · 조리공정도, 작업장 평면도, 공조시설 계통도, 용수 및 배수처리 계통도 등을 작성
- 상기 자료는 위해분석의 기초자료로 활용

5) 위해요소 분석, 해썹(HACCP) 관리계획 수립

- 원료별 제조공정별 발생가능한 위해요소들에 대한 위해평가를 실시
- 중요관리점, 한계기준, 모니터링 방법, 기준이탈시 개선조치 방법 등을 포함하는 해썹(HACCP) 관리계획 수립

그림 9-2 HACCP 절차 (식품 제조 · 가공 업체 및 집단급식소)

(자료출처: 한국식품안전관리인증원, 2018)

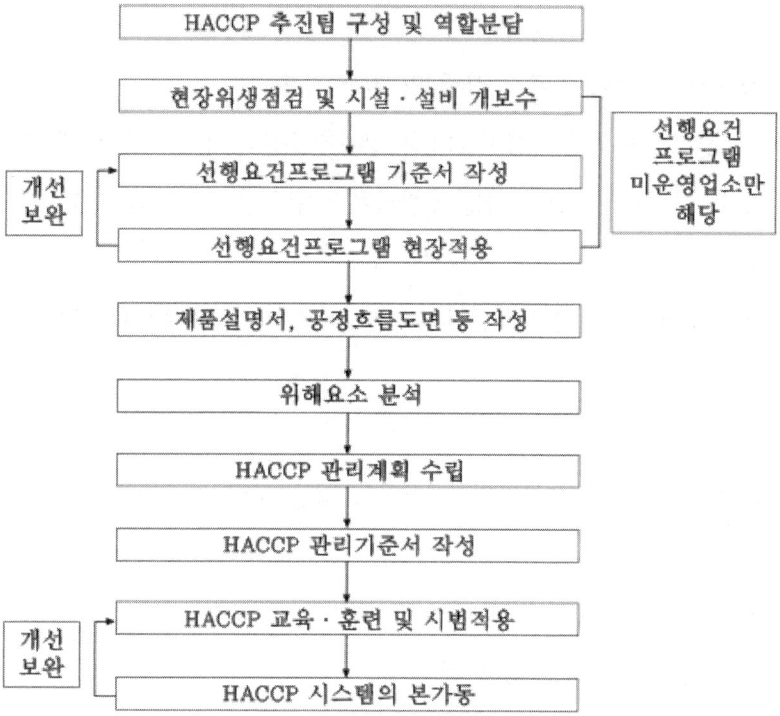

6) 해썹(HACCP) 관리기준서 작성

- 해썹(HACCP)팀 구성, 제품설명서, 공정흐름도, 위해요소분석, 중요관리점 결정, 한계 기준 설정, 모니터링 방법의 설정, 개선조치, 검증, 교육훈련, 기록유지 및 문서화 등을 포함하는 해썹(HACCP) 관리기준서를 작성

7) 해썹(HACCP) 교육 · 훈련 및 시범적용

- 현장 종업원, 관리자, 해썹(HACCP) 팀원 등을 대상으로 수립된 해썹(HACCP) 관리 계획에 대한 교육 · 훈련 후 현장에 시범 적용

- 실제 수립된 계획이 현장에 적용하였을 경우 효과적으로 적용 · 운영되는지 반드시 확인(유효성 평가 실시)

8) 해썹(HACCP) 시스템의 본가동

- 유효성 평가 결과를 해썹(HACCP) 관리계획에 반영하여 문제점을 개선하여 해썹(HACCP) 시스템을 본격적으로 운영하고 지방식품의약품안전청에 해썹(HACCP) 적용 업체 인증 신청

2. 선행요건

해썹(HACCP)을 적용하고자 하는 업체의 영업자는 식품위생법 등 관련 법적 요구사항을 준수하면서 위생적으로 식품을 제조 · 가공 · 조리하기 위한 기본시스템을 갖추기 위하여 작업기준 및 위생관리기준을 포함하는 선행요건 프로그램을 먼저 개발하여 시행하여야 한다. 영업장을 위생적으로 관리하기 위해 기본적이고도 필수적인 위생관리 내용이다. 영업자는 이들 분야별로 작업담당자, 작업내용, 실시빈도, 실시상황의 점검 및 기록방법을 정하여 구체적인 관리기준서를 작성하여 종업원이 준수하도록 시행하고 이에 대한 기록을 보관 · 유지 하여야 한다(자료출처: 한국식품안전관리인증원).

1) 선행요건프로그램 개발

① 영업장 관리

② 위생관리

③ 제조시설 · 설비 관리

④ 냉장 · 냉동 설비 관리

⑤ 용수관리

⑥ 보관 · 운송관리

⑦ 검사관리

⑧ 회수프로그램

2) 선행요건프로그램 적용

운영자는 최초 수립된 선행요건프로그램을 작업장에 우선 적용해보고 그 효과성을 평가하기 위한 검증을 실시하여야 한다. 효과성 평가 결과 해당 기준서가 법률적 요구사항을 포함한 기본적인 위생 안전성을 확보할 수 있음을 확인하여야 하며, 필요한 경우 수정 · 보완하여야 한다.

3) 선행요건프로그램 유지 · 관리

운영자는 선행요건프로그램이 제조 · 가공 공정 및 제조환경 등에서 위해물질에 의한 식품의 직접적인 오염 또는 변질을 효과적으로 예방할 수 있는지, 종사자들이 관리기준에 따라 적절하게 실행하고 있는지 등을 확인 · 평가하기 위하여 정기적으로 검증을 실시하여야 한다.

4) 개선조치

운영자는 선행요건프로그램의 유지 또는 시행이 식품의 안전성을 확보할 수 없다고 판단될 경우 적절한 개선조치를 취하여야 한다.

3. HACCP 7원칙 12절차

1) 준비단계

(1) 해썹(HACCP)팀 구성

– 업체 내에서 HACCP Plan 개발을 주도적으로 담당할 HACCP팀을

구성해야 한다.

- HACCP 도입과 성공적인 운영은 최고경영자의 의지가 결정적이므로 어떤 형태로든 최고경영자를 포함시키는 것이 바람직하다.
- 일반적으로 HACCP 팀장은 업체의 최고책임자(영업자 또는 공장장)가 되는 것을 권장하며, 팀원은 제조 · 작업 책임자, 시설 · 설비의 공무관계 책임자, 보관 등 물류관리업무 책임자, 식품위생관련 품질관리업무 책임자 및 종사자 보건관리 책임자 등으로 구성한다.
- 모니터링 담당자는 해당공정의 현장종사자로 하여금 관리하도록 하여야 한다. 이들은 관련규정에 준하여 해썹(HACCP) 교육을 받고 일정 수준의 전문성을 갖추어야 한다.
- 해썹(HACCP) 계획을 개발하는 팀원은 작업공정에서 사용되는 시설 · 설비 및 기술, 실제 작업상황, 위생, 품질보증 그리고 작업공정에 대해 상세한 지식이 있어야 한다. 따라서 팀원들은 식품위생학, 식품미생물학, 공중보건학, 식품공학 분야의 기술 및 지식을 갖고 있다면 더욱 좋으며, 이런 지식이 부족한 경우 외부전문가, 정부(식품의약품안전처)의 지침서 또는 기술적 문헌 등으로 보완하여야 한다.

해썹(HACCP)팀 구성 요건
전체 인력으로 구성된 팀 구성
모니터링 담당자 참여 필수
모니터링 담당자는 해당공정 현장종사자로 구성
해썹(HACCP) 팀장은 대표자 또는 공장장으로 구성
팀구성원별 책임과 권한 부여
팀별, 팀원별 구체적인 교대근무 시 인수 · 인계 방법 수립

그림 9-3 HACCP 7원칙 12절차

(자료출처: 한국식품안전관리인증원, 2018)

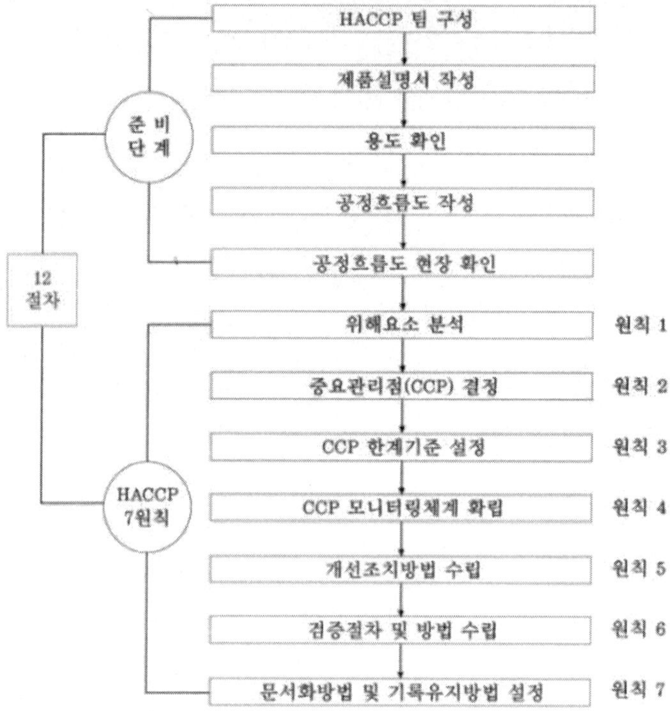

9-4 HACCP 팀 구성(식품가공 업체)

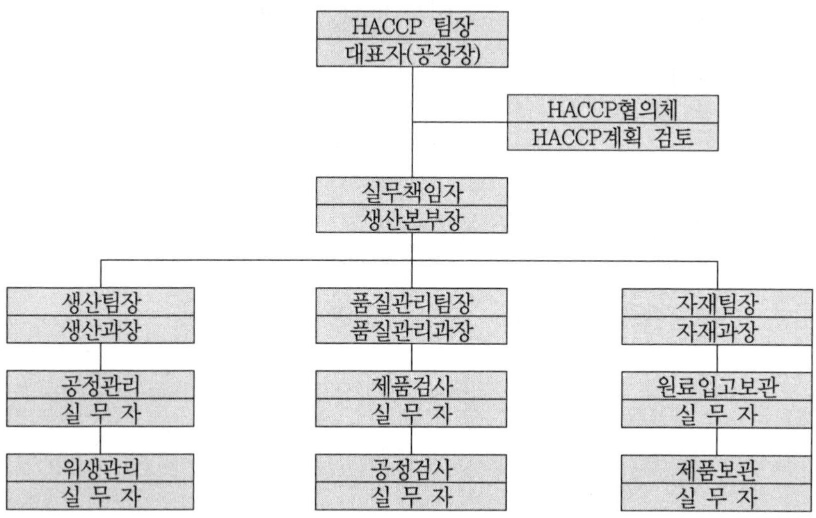

9-5 HACCP 팀 구성(단체급식 업체)

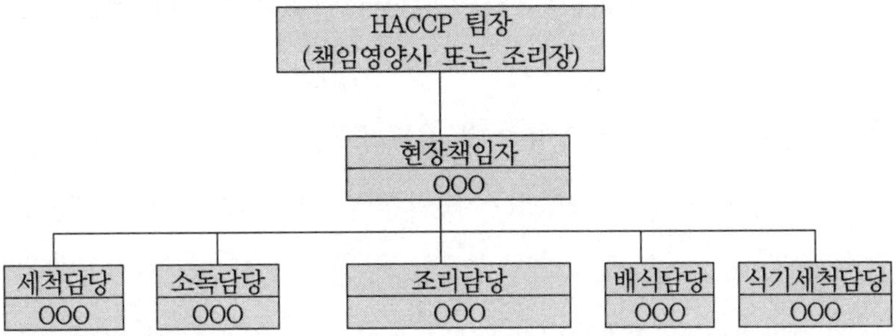

(2) 제품설명서 작성

준비단계의 두번째는 제품설명서를 작성하는 것이다. 제품설명서에는 제품명, 제품유형 및 성상, 품목제조보고연월일, 작성자 및 작성연월일, 성분(또는 식자재)배합비율 및 제조(또는 조리)방법, 제조(포장)단위, 완제품의 규격, 보관 · 유통(또는 배식)상의 주의사항, 제품용도 및 유통(또는 배식)기간, 포장방법 및 재질, 표시사항, 기타 필요한 사항이 포함되어야 한다.

① 제품명-제품명은 식품제조 · 가공업체의 경우 해당관청에 보고한 해당품목의 "품목 제조(변경)보고서"에 명시된 제품명과 일치하여야 한다.

② 제품유형-제품유형은 "식품공전"의 분류체계에 따른 식품의 유형을 기재한다.

③ 성상-성상은 해당식품의 기본 특성(예: 액상, 고상 등) 뿐만 아니라 전체적인 특성(예: 가열 후 섭취식품, 비가열 섭취식품, 냉장식품, 냉동식품, 살균제품, 멸균제품 등)을 기재한다.

④ 품목제조보고연월일-품목제조 보고연월일은 식품제조 · 가공업체의 경우에 해당하며, 해당식품의 "품목제조(변경)보고서"에 명

시된 보고 날짜를 기재한다.

⑤ 작성자 및 작성연월일- 제품설명서를 작성한 사람의 성명과 작성 날짜를 기재한다.

⑥ 성분(또는 식자재)배합비율 및 제조(또는 조리)방법- 성분(또는 식자재)배합비율은 식품제조 · 가공업체의 경우 해당식품의 "품목제조(변경)보고서"에 기재된 원료인 식품 및 식품첨가물의 명칭과 각각의 함량을 기재한다. 대상 식품이 많은 업체의 경우 원료목록표를 작성하면 원료에 대한 위해요소를 총괄적으로 분석하는데 도움이 된다.

- 제조(또는 조리)방법은 일반적인 방법을 기재하거나 "공정흐름도"로 갈음한다.

⑦ 제조(포장)단위-제조(포장)단위는 판매되는 완제품의 최소단위를 중량, 용량, 개수 등으로 기재한다.

⑧ 완제품의 규격-완제품의 규격은 식품위생법과 대상고객, 사내규격 등을 참고하여 안전성과 관련된 항목에 대해 성상, 생물학적, 화학적, 물리적 항목과 각각의 규격을 기재한다.

⑨ 제품용도 및 유통(또는 배식)기간- 제품용도는 소비계층을 고려하여 일반건강인, 영유아, 어린이, 환자, 노약자, 허약자 등으로 구분하여 기재한다.

- 유통(또는 배식)기간은 식품제조 · 가공업체의 경우 "품목제조(변경)보고서"에 명시된 유통기한을 보관조건과 함께 기재하며, 식품접객업체의 경우 조리완료 후 배식까지의 시간을 기재한다.

- 아울러, 소비자 구매 시 섭취방법(그대로 섭취, 가열조리 후 섭취)을 함께 기재한다.

⑩ 포장방법 및 재질-특이한 포장방법이 있는 경우 그 방법을 구체적으로 기재하며, 포장재질은 내포장재와 외포장재 등으로 구분하여 기재한다.

⑪ 표시사항-표시사항에는 “식품 등의 표시기준”의 법적 사항에 기초하여 소비자에게 제공해야 할 해당식품에 관한 정보를 기재한다.

⑫ 보관 및 유통(또는 배식)상의 주의사항- 해당식품의 유통 · 판매 또는 배식 중 특별히 관리가 요구되는 사항을 기재한다. 기본적으로 위생적인 요소(Safety factors)을 우선 고려하여 기재하고, 품질적인 사항(Quality factors)을 포함시켜야 하는 경우에는 위생적인 요소와 구분하여 기재한다.

- 제품설명서는 식품별로 작성함을 원칙으로 한다. 그러나 각 식품의 공정 등 특성이 같거나 비슷하여 식품유형별로 작성하여도 무방하다고 판단되는 경우 식품을 묶거나 식품유형별로 작성할 수 있다.

표 9-1 제품설명서의 서식 예시

㉮ 제품명 · 제품유형 및 성상	
㉯ 품목제조보고연월일	
㉰ 작성자 및 작성연월일	
㉱ 성분배합비율	
㉲ 제조(포장)단위	
㉳ 완제품 규격	- 생물학적 항목 : - 화학적 항목 : - 물리적 항목 :
㉴ 보관 · 유통상 주의사항	
㉵ 제품용도 및 유통기간	- 제품용도 : - 섭취방법 : - 유통기간 :
㉶ 포장방법 및 재질	- 포장방법 : - 포장재질 · 내포장재 : · 외포장재 :
㉷ 표시사항	- 내포장재 : - 외포장재 :
㉸ 기타 필요한 사항	

표 9-2 메뉴설명서

메 뉴 설 명 서			
1. 메뉴명	모듬야채샐러드		
2. 조리 형태 및 유형	비가열조리공정, 샐러드류		
3. 작성자 및 작성연월일	2014. 07. 30, 이순신		
4. 원재료명 및 함량 (1인분 기준)	양배추 100g, 적채 3g, 오이 5g, 당근 2g, 드레싱 50g		
5. 알러지 유발물질	우유(드레싱), 계란(드레싱)		
6. 완제품의 규격 (식품공전상 규격)	구 분	규 격	
		법적규격	사내규격
	성상	고유의 색택과 향미를 가지며, 이미 · 이취가 없어야 한다.	
	물리적 항목	이물이 없어야 한다.	
	화학적 항목	잔류농약/중금속/산가 · 과산화물가 : 기준치 이하(원료별 관리)	
	생물학적 항목	대장균 : 음성 황색포도상구균 : 10^2 CFU/g 살모넬라 : 음성 리스테리아 : 음성 장출혈성 대장균 : 음성 여시니아 엔테로콜리티카 : 음성 장염비브리오균 : 10^2 CFU/g 클로스트리디움 퍼프린젠스 : 10^2 CFU/g 캠필로박터 제주니/콜리 : 음성 바실러스세레우스:10^4 CFU/g	대장균 : 음성 황색포도상구균 : 10^2 CFU/g 살모넬라 : 음성 리스테리아 : 음성 장출혈성 대장균 : 음성 여시니아 엔테로콜리티카 : 음성 장염비브리오균 : 10^2 CFU/g 클로스트리디움 퍼프린젠스 : 10^2 CFU/g 캠필로박터 제주니/콜리 : 음성 바실러스세레우스:10^4 CFU/g
7. 보관/배식시 주의사항	- 냉장식품 : 배식 직전까지 5℃ 냉장고에 보관 - 온장식품 : 배식 직전까지 60℃ 이상에서 보관 - 상온식품 : 조리 후 2시간 이내에 배식 - 조리완제품은 덮개를 사용하여 이물 혼입을 방지한다		
8. 제품용도	- 제품용도 : 일반 건강인의 식사용		
9. 배식시간 및 잔식관리	- 냉장식품 : 조리완료 후 4시간 이내 배식 완료 - 온장식품 : 조리완료 후 4시간 이내 배식 완료 - 상온식품 : 조리완료 후 2시간 이내에 배식 완료 - 배식 후 잔식 전량 폐기		
10. 배식형태 및 제공방법	- 대면배식 - 메뉴별 전용 용기에 담아 제공, 용기재질 : 멜라민 소재		
11. 기타 필요사항	※ 기타 위해분석에 활용될 수 있는 메뉴의 정보를 기록		

(3) 제품 용도 확인

- 해당식품의 의도된 사용방법 및 대상 소비자를 파악하는 것으로, 위해평가와 위해요소의 한계기준 결정에 중요한 자료가 된다.
- 가열조리 후 섭취할 것인가, 조리 가공방법은 무엇인가, 다른 식품의 원료로 사용 되는가 등 예측 가능한 사용방법과 범위, 그리고 제품에 포함될 잠재성을 가진 위해물질에 민감한 대상 소비자(예, 어린이, 노인, 면역관련 환자 등)를 파악하는 것이다.

(4) 공정흐름도 (제조공정도)

- 원료의 입고에서부터 완제품의 출하까지 모든 공정단계들을 파악하여 공정흐름도(Flow diagram)를 작성하고 각 공정별 주요 가공조건의 개요를 기재한다.
- 제조공정별 가공방법에 대하여는 일목요연하게 표로 정리하는 것이 바람직하다. 또한, 작업특성별 구획, 기계 · 기구 등의 배치, 제품의 흐름과정, 작업자 이동경로, 세척 · 소독조 위치, 출입문 및 창문, 공조시설계통도, 용수 및 배수처리 계통도 등을 표시한 작업장 평면도(Plant schematic)를 작성한다.
- 공정흐름도와 평면도는 원료의 입고에서부터 완제품의 출하에 이르는 해당식품의 공급에 필요한 모든 공정별로 위해요소의 교차오염 또는 2차 오염, 증식 등의 가능성을 파악하는데 도움을 준다.

  * 제조공정도 : 일련번호, 공정명, CCP 번호, 주요조건 등 기재

  * 공정별 가공방법 : 공정명, 가공방법 및 조건 등 상세 기재

그림 9-6 제조 공정도[단체급식 조리]

(자료출처: 식품의약품안전처, 2018)

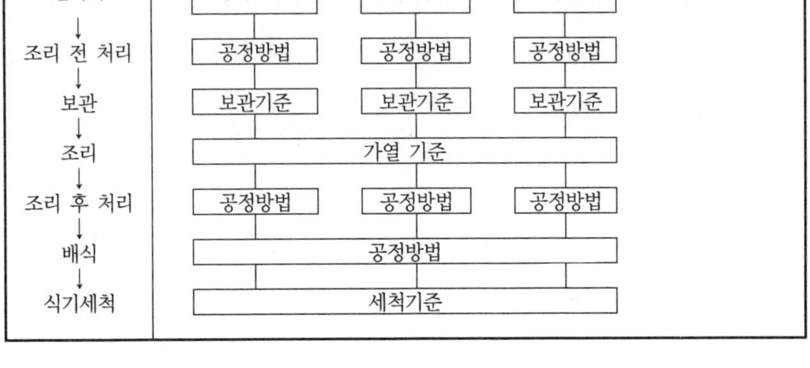

그림 9-7 조리공정도 예시(가열조리공정)

(자료출처: 식품의약품안전처, 2018)

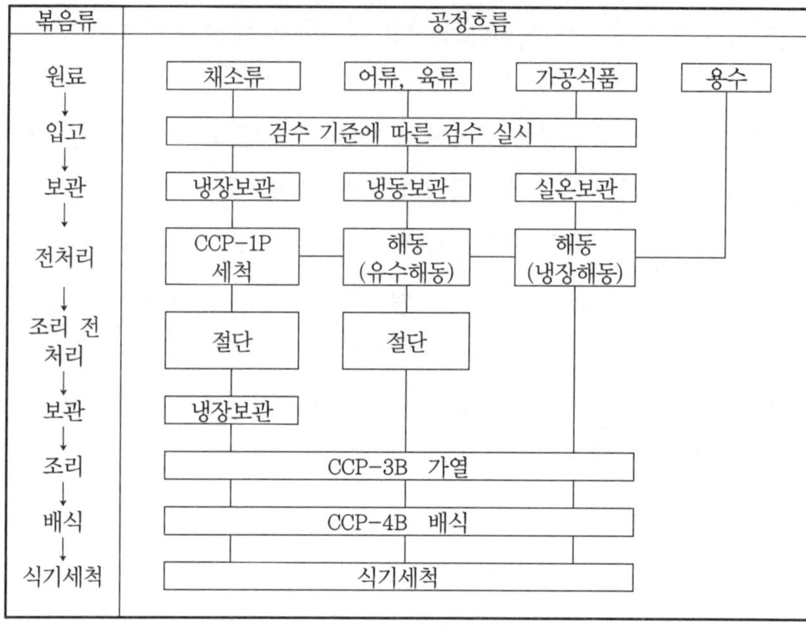

(5) 공장흐름도 현장 확인

- 작성된 공정흐름도 및 평면도가 현장과 일치하는 지를 검증하는 것이다.
- 공정흐름도와 평면도의 작성 목적은 각 공정 및 작업장 내에서 위해요소가 발생할 수 있는 모든 조건 및 지점을 찾아내기 위한 것이므로 정확성을 유지하는 것이 매우 중요하다. 현장검증 결과 변경이 필요한 경우에는 해당공정 흐름도나 평면도를 수정하여야 한다. 정확한 공정흐름도 및 평면도가 완성되면 본격적인 HACCP 계획을 개발할 수 있다.

※ 작성된 각종 평면도와 계통도가 실제 현장과 일치하는지 확인

※ 변경 시마다 재 작성 후 현장 확인 실시

2) HACCP 7원칙

(1) 위해요소분석

- 위해요소(Hazard) 분석은 HACCP팀이 수행하며, 이는 제품설명서에서 파악된 원·부재료 별로, 그리고 공정흐름도에서 파악된 공정/단계별로 구분하여 실시한다.
- 원·부재료별 또는 공정/단계별로 발생 가능한 모든 위해요소를 파악하여 목록을 작성하고, 각 위해요소의 유입경로와 이들을 제어할 수 있는 수단(예방수단)을 파악하여 기술하며, 이러한 유입경로와 제어수단을 고려하여 위해요소의 발생 가능성과 발생 시 그 결과의 심각성을 감안하여 위해(Risk)를 평가한다.

그림 9-8 위해요소 분석 절차

(출처: 식품의약품안전처, 2018)

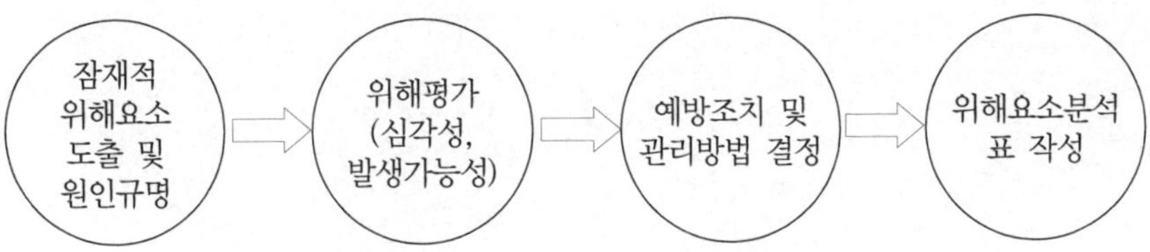

① 구분

- B: Biological hazards(생물학적 위해요소) : 제품명은 식품제조·가공업체의 경우 해당관청에 보고한 해당품목의 "품목 제조(변경 보고서" 에 명시된 제품명과 일치하여야 한다.
- C: Chemical hazards(화학적 위해요소) : 제품에 내재하면서 인체의 건강을 해할 우려가 있는 중금속, 농약, 항생물질, 항균물질, 사용 기준초과 또는 사용 금지된 식품 첨가물 등 화학적 원인물질
- P: Physical hazards(물리적 위해요소) : 원료와 제품에 내재하면

서 인체의 건강을 해할 우려가 있는 인자 중에서 돌조각, 유리조각, 쇳조각, 플라스틱조각 등

② 심각성 평가

- 낮음 : 해당식품에서 위해사실이 확인되지 않거나 낮은 것으로 알려진 위해(발생가능성 없음)
- 보통 : 심각성 구분이 낮음 혹은 높음에 해당되지 않는 경우 모두 포함(경미한 상태)
- 높음 : 보건상의 위험이 높은 위해, 식중독 및 급성질병 발생, 전파, 영구장애 유발, 치사율이 높은 경우(치명적 상태)

표 9-3 위해요소의 예방조치방법

위해요소	내용	비고
생물학적(B)	- 원료 협력업체로부터 시험성적서 수령 - 입고되는 원료의 검사 - 보관, 가열, 포장 등의 가공조건(온도, 시간 등) 준수 - 시설 · 설비, 종업원 등에 대한 적절한 세척 · 소독 실시 - 공기 중에 식품노출 최소화 - 종업원에 대한 위생교육	시설 개 · 보수
화학적(C)	- 입고되는 원료의 검사 - 승인된 화학물질만 사용 - 화학물질의 적절한 식별 표시, 보관 - 화학물질의 사용기준 준수 - 화학물질을 취급하는 종업원의 적절한 훈련	원료 납품업체로부터 시험성적서 수령
물리적(P)	- 원료 협력업체로부터 시험성적서 수령 - 입고되는 원료의 검사 - 육안선별, 금속검출기 등 이용 - 종업원 훈련	시설 개 · 보수

③ 발생가능성 평가

- 낮음 : 조리장에서 식품의 오염 또는 변질이 발견되지 않는 상태
- 보통 : 발생 가능성 구분이 낮음 혹은 높음에 해당되지 않는 경우

– 높음 : 식품의 오염 · 변질, 한계기준 일탈 가능성이 높은 경우

④ 위해 평가도

발생 가능성				
	높음(3)	3	6	9
	보통(2)	2	4	6
	낮음(1)	1	2	3
		낮음(1)	보통(2)	높음(3)
		심각성		

※ 3점 이상에 해당하는 위해요소는 중요관리점 결정도를 적용하여 CCP와 CP로 구분함

그림 9–9 위해요소 분석표

일련번호	원부자재명/공정명	구분	위해요소		위험도평가			예방조치 및 관리방법
			명칭	발생원인	심각성	발생가능성	종합평가	
1		B						
		C						
		P						

표 9–4 원재료 위해요소 분석표(예시: 수산물)

원재료		위해요소			위해 평가			예방조치 및 관리방법(관리일지)
분류 I	분류 II	구분	명칭	발생원인	심각성	발생가능성	종합평가	
수산물	어류/패류	B	Listeria monocytogenes	1. 해양에서의 자연적인 교차오염 2. 원료의 양식, 수확, 운반과정에서 교차오염 3. 협력업체 공정 · 위생관리 미흡 및 종사자 부주의로 인한 교차오염 4. 포장재 파손으로 인한 교차오염 5. 운송 및 보관온도 미준수, 배송차량 청결관리 미흡으로 인한 미생물 증식	3	1	3	1. 검수기준에 따른 검수실시(검수일지) 2. 시험성적서 확인(검수일지) 3. 지정업체를 통한 구입(검수일지) 4. 양식과정 관리(협력업체 점검표) 5. 협력업체 점검 / 교육관리(협력업체 점검표) 6. 납품차량 온도 및 청결상태 확인(협력업체 점검표) 7. 가열공정에서 제거
			장출혈성대장균		3	1	3	
			Vibrio parahaemolyticus		2	1	2	
			Salmonella spp.		2	1	2	
			Staphylococcus aureus		1	1	1	
			Bacillus cereus		1	1	1	
		C	중금속	1. 해양에서의 자연적인 교차오염	3	1	3	1. 시험성적서 확인(검수일지)
			벤조피렌		3	1	3	

원재료		위해요소			위해 평가			예방조치 및 관리방법 (관리일지)
분류 I	분류 II	구분	명칭	발생원인	심각성	발생가능성	종합평가	
			히스타민	2. 원료의 양식, 수확, 운반과정에서 교차오염	1	1	1	2. 협력업체 점검(협력업체 점검표)
		P	금속(나사, 못, 칼날)	1. 작업도구 등 부주의한 사용으로 교차오염 2. 공정 · 위생관리 미흡 및 종사자 부주의로 인한 혼입 3. 포장재 파손으로 인한 혼입	3	1	3	1. 검수기준에 따른 검수실시(검수일지) 2. 지정업체를 통한 구입(검수일지) 3. 협력업체 점검 / 교육관리(협력업체 점검표)
			돌, 모래		2	1	2	
			플라스틱		2	1	2	
			머리카락		1	1	1	
			비닐		1	1	1	
			벌레		1	1	1	

(2) 중요관리점(CCP) 결정

- 중요관리점이란 원칙 1에서 파악된 위해요소를 예방, 제거 또는 허용 가능한 수준까지 감소시킬 수 있는 최종 단계 또는 공정을 말한다.

식품의 제조 · 가공 · 조리공정에서 중요관리점이 될 수 있는 사례
1) 미생물 성장을 최소화 할 수 있는 냉각공정
2) 병원성 미생물을 사멸시키기 위하여 특정 시간 및 온도에서 가열처리
3) pH 및 수분활성도의 조절 또는 배지 첨가 같은 제품성분 배합
4) 캔의 충전 및 밀봉 같은 가공처리
5) 금속검출기에 의한 금속이물 검출공정 등

- 동일한 식품을 생산하는 경우에도 제조 · 설비 등 작업장 환경이 다를 경우에는 서로 상이 할 수 있다.
- 중요관리점 결정도를 이용하며 원칙1의 위해 평가 결과 중요위해(3점 이상)로 선정된 위해요소에 대하여 적용한다.
- 중요관리점 결정표를 이용하여 기록한다.

중요관리점 결정도

그림 9-10 중요관리점(CCP) 결정도

(자료출처: 식품의약품안전처, 2018)

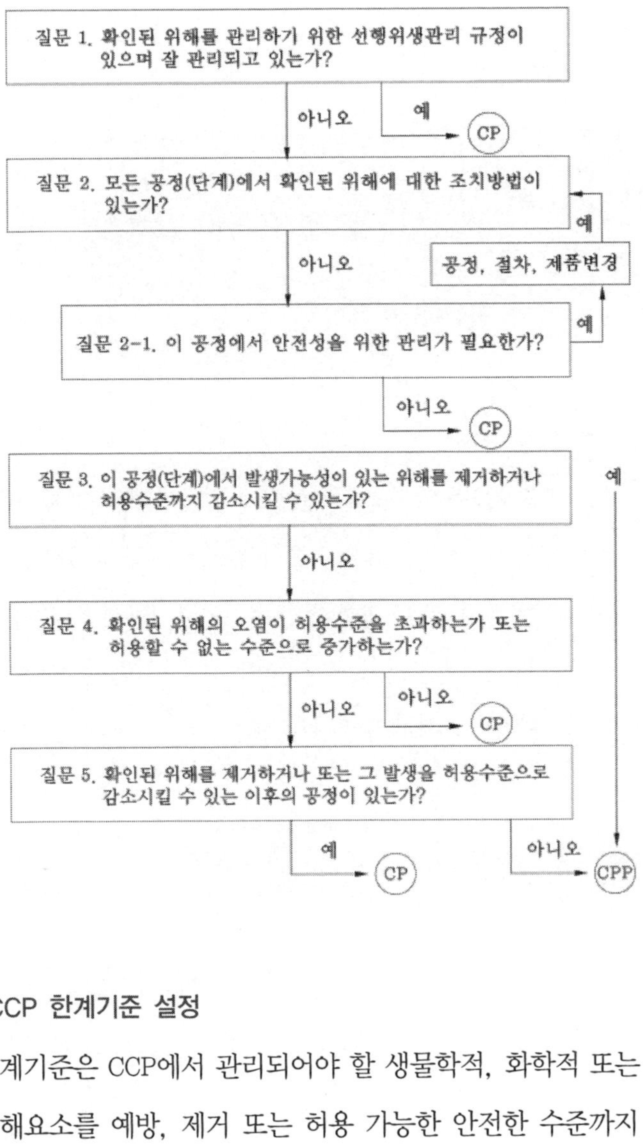

(3) CCP 한계기준 설정

- 한계기준은 CCP에서 관리되어야 할 생물학적, 화학적 또는 물리적 위해요소를 예방, 제거 또는 허용 가능한 안전한 수준까지 감소시킬 수 있는 최대치 또는 최소치를 말하며, 안전성을 보장할 수 있는 과학적 근거에 기초하여 설정되어야 한다.

① 한계기준 표시방법

- 한계기준은 현장에서 쉽게 확인 가능하도록 가능한 육안관찰이나 간단한 측정으로 확인할 수 있는 수치 또는 특정지표로 나타내어야 한다.

식품의 제조 · 가공 · 조리공정에서 중요관리점이 될 수 있는 사례
- 온도 및 시간 - 수분활성도(Aw) 같은 제품 특성 - PH - 관련서류 확인 등 - 습도(수분) - 염소, 염분농도 같은 화학적 특성 - 금속검출기 감도

② 한계기준 설정 절차

- CCP별로 해당식품의 안전성을 보증하기 위하여 법적 한계기준 확인
- 법적인 한계기준이 없을 경우 적합한 한계기준을 자체적으로 설정
- 설정한 한계기준에 관한 과학적 문헌 등 근거자료를 유지 보관

표 9-5 한계기준 설정(Critical Limits, CL) 예시

CCP No.	제조 공정	위해 요소 구분	위해요소	한계기준
CCP-1	세척	P	나사, 못, 칼날	- 세척수량 : 70~75ℓ - 원료 투입량 : 10~11kg - 세척횟수 : 3회(3단 세척조) - 세척시간 : 2~3분 - 세척수 교체 주기 : 2회 사용 후 교환
CCP-2	소독	B	*Listeria. monocytogenes,* *리스테리아 모노사이토제네스*	- 소독농도 : 차아염소산나트륨 100~120ppm - 소독수량 : 100~110ℓ - 원료 투입량 : 10~12kg - 소독시간 : 5분 ~ 5분 30초 - 소독수 교체주기 : 2시간 사용 후 전체 소독수 교체
CCP-3	가열	B	*Listeria. monocytogenes,* *리스테리아 모노사이토제네스*	- 가열온도 및 시간 : 품온 74℃ 이상 도달 후 1분~1분 10초
CCP-4	배식	B	*Staphylococcus. aureus* *황색포도상구균*	- 배식시간 : 조리 종료 후 2시간 이내

(자료출처: 식품의약품안전처)

(4) 모니터링(monitoring) 체계 확립

- 모니터링이란 CCP에 해당되는 공정이 한계기준을 벗어나지 않고 안정적으로 운영되도록 관리하기 위하여 종업원 또는 기계적인 방법으로 수행하는 일련의 관찰 또는 측정수단이다.
- 모니터링 체계를 수립하여 시행하게 되면 첫째, 작업과정에서 발생되는 위해요소의 추적이 용이하며, 둘째, 작업공정 중 CCP에서 발생한 기준 이탈(deviation) 시점을 확인할 수 있으며, 셋째, 문서화된 기록을 제공하여 검증 및 식품사고 발생시 증빙자료로 활용할 수 있다.
- HACCP팀은 모니터링 활동을 수행함에 있어서 연속적인 모니터링을 실시해야 한다.

표 9-6 모니터링 방법(예시)

공정명	CCP	한계기준	모니터링 방법			
			대상	방법	주기	담당자
가열	CCP-1B	65℃ 이상, 1분 이상	가열시간, 온도	1. 가열기의 정상작동 유무를 확인한다. 2. 가열기에서 가열 온도와 시간을 모니터링 일지에 기록한다. 3. 모니터링 일지를 HACCP 팀장에게 승인받는다.	매 작업시	공정담당
세척	CCP-2B	6단 세척, 가수량 3배, 세척시간 5분 이상	세척방법	1. 세척기의 정상작동 유무를 확인한다. 2. 세척방법에 따라 세척시간, 횟수, 가수량을 모니터링 일지에 기록한다. 3. 모니터링 일지를 HACCP 팀장에게 승인받는다.	매 작업시	공정담당
소독	CCP-3B	소독농도 50-100ppm, 소독시간 1분-1분30초	소독농도, 시간	1. 소독기의 정상작동 유무를 확인한다. 2. 소독농도, 시간을 모니터링 일지에 기록한다. 3. 모니터링 일지를 HACCP 팀장에게 승인받는다.	매 작업시	공정담당
금속 검출	CCP-4P	금속 2mm이상 불검출, 쇳가루 불검출	금속 검출기 감도	1. 금속검출기의 정상작동 유무를 확인한다. 2. 테스트 피스를 이용하여 금속검출기의 감도를 기기, 제품에 측정한 후 모니터링 일지에 기록한다. 3. 모니터링 일지를 HACCP 팀장에게 승인받는다.	매 작업시	공정담당

(자료출처: 식품의약품안전처)

(5) 개선조치방법 수립

- HACCP 계획은 식품으로 인한 위해요소가 발생하기 이전에 문제점을 미리 파악하고 시정하는 예방체계이므로, 모니터링 결과 한계기준을 벗어날 경우 취해야 할 개선조치방법을 사전에 설정하여 신속한 대응조치가 이루어지도록 하여야 한다.

개선조치 방법 설정 시 체크 사항
1) 이탈된 제품을 관리하는 책임자는 누구이며, 기준 이탈시 모니터링 담당자는 누구에게 보고하여야 하는가? 2) 이탈의 원인이 무엇인지 어떻게 결정할 것인가? 3) 이탈의 원인이 확인되면 어떤 방법을 통하여 원래의 관리상태로 복원 시킬 것인가? 4) 한계기준이 이탈된 식품(반제품 또는 완제품)은 어떻게 조치할 것인가? 5) 한계기준 이탈시 조치해야 할 모든 작업에 대한 기록 · 유지 책임자는 누구인가? 6) 개선조치 계획에 책임 있는 사람이 없을 경우 누가 대신할 것인가? 7) 개선조치는 언제든지 실행가능한가?

- 일반적으로 취해야할 개선조치 사항에는 공정상태의 원상복귀, 한계기준 이탈에 의해 영향을 받은 관련식품에 대한 조치사항, 이탈에 대한 원인규명 및 재발방지 조치, HACCP 계획의 변경 등이 포함된다.

개선조치 확립 순서
1) 각 CCP별로 가장 적합한 개선조치 절차를 파악한다. 2) CCP별로 위해요소의 심각성에 따라 차등화하여 개선조치방법을 결정한다. 3) 개선조치 결과의 기록서식을 결정한다. 4) 개선조치 담당자를 지정하고 교육 · 훈련시킨다.

개선조치가 완료되면 확인해야 할 기본적인 사항은 다음과 같다.
1) 한계기준 이탈의 원인이 확인되고 제거되었는가? 2) 개선조치 후 CCP는 잘 관리되고 있는가? 3) 한계기준 이탈의 재발을 방지할 수 있는 조치가 마련되어 있는가? 4) 한계기준 이탈로 인해 오염되었거나 건강에 위해를 주는 식품이 유통되지 않도록 개선조치 절차를 시행하고 있는가?

표 9-7 개선조치 방법(예시)

공정명	CCP	개선조치 방법
가열	CCP-1B	1. 가열 온도, 시간 이탈 시 - 공정 담당자는 즉시 작업을 중지한다. - 해당 제품은 즉시 재가열하고 CCP 모니터링 일지에 이탈사항과 개선조치사항을 기록하고 생산관리팀장, HACCP팀장에게 보고한다. - 해당로트 제품을 품질관리 팀장에게 공정품 검사를 의뢰한다. 2. 기기 고장인 경우- 공정 담당자는 즉시 작업을 중지한다. - 해당 제품은 즉시 재가열하고 CCP 모니터링 일지에 이탈사항과 개선조치 사항을 기록하고 생산관리팀장, HACCP팀장에게 보고한다. - 해당로트 제품을 품질관리 팀장에게 공정품 검사를 의뢰한다.
세척	CCP-2B	1. 세척횟수, 시간, 가수량 이탈 시- 공정 담당자는 즉시 작업을 중지한다. - 해당 제품은 즉시 재 세척하고 CCP 모니터링 일지에 이탈사항과 개선조치 사항을 기록하고 생산관리팀장, HACCP팀장에게 보고한다. - 해당로트 제품을 품질관리 팀장에게 공정품 검사를 의뢰한다. 2. 기기 고장인 경우- 공정 담당자는 즉시 작업을 중지하고 공정품을 보류한 뒤, CCP 모니터링 일지에 이탈사항을 기록하고 공무팀에 수리를 의뢰한다. - 수리완료 후 공정품은 재가열한다. - CCP 모니터링 일지에 개선조치사항을 기록하고 생산관리팀장, HACCP팀장에게 보고한다. - 해당로트 제품을 품질관리 팀장에게 공정품 검사를 의뢰한다.
소독	CCP-3B	1. 소독농도, 시간 이탈 시- 공정 담당자는 즉시 작업을 중지한다. - 소독농도를 보정하고 해당 제품은 재소독하고 CCP 모니터링 일지에 이탈사항과 개선조치사항을 기록하고 생산관리팀장, HACCp팀장에게 보고한다. - 해당로트 제품을 품질관리 팀장에게 공정품 검사를 의뢰한다. 2. 기기 고장인 경우- 공정 담당자는 즉시 작업을 중지하고 공정품을 보류한 뒤, CCP 모니터링 일지에 이탈사항을 기록하고 공무팀에 수리를 의뢰한다. - 수리완료 후 공정품은 재가열한다. - CCP 모니터링 일지에 개선조치사항을 기록하고 생산관리팀장, HACCP팀장에게 보고한다. - 해당로트 제품을 품질관리 팀장에게 공정품 검사를 의뢰한다.
금속검출	CCP-4P	1. 제품에 혼입될 경우- 공정 담당자는 즉시 작업을 중지한다. - 해당 제품을 재 통과하여 확인하고 혼입이 확인 될 경우, CCP 모니터링 일지에 이탈사항과 개선조치사항을 기록하고 생산관리팀장, HACCP팀장에게 보고한다. - 해당로트 제품을 품질관리 팀장에게 공정품 검사를 의뢰한다. 2. 기기 고장인 경우- 공정 담당자는 즉시 작업을 중지하고 공정품을 보류한 뒤, CCP 모니터링 일지에 이탈사항을 기록하고 공무팀에 수리를 의뢰한다. - 수리완료 후, CCP 모니터링 일지에 개선조치사항을 기록하고 생간관리팀장, HACCP팀장에게 보고한다. - 해당로트 제품은 재통과시킨다. 3. 감도 저하시- 공정 담당자는 즉시 작업을 중지하고 공정품을 보류한 뒤, CCP 모니터링 일지에 이탈사항을 기록하고 기기 감도를 측정하여야 한다. - 감도 확인 후, CCP 모니터링 일지에 개선조치사항을 기록하고 생산관리팀장, HACCP팀장에게 보고한다. - 해당로트 제품을 품질관리 팀장에게 공정품 검사를 의뢰한다.

(자료출처: 식품의약품안전처)

6) 검증절차 및 방법 수립

- HACCP 팀은 HACCP 시스템이 설정한 안전성 목표를 달성하는데 효과적인지, HACCP 관리계획에 따라 제대로 실행되는지, HACCP 관리계획의 변경 필요성이 있는지를 확인하기 위한 검증절차를 설정하여야 한다.
- HACCP팀은 이러한 검증활동을 HACCP 계획을 수립하여 최초로 현장에 적용할 때, 해당식품과 관련된 새로운 정보가 발생되거나 원료 · 제조공정 등의 변동에 의해 HACCP 계획이 변경될 때 실시하여야 한다. 또한, 이 경우 이외에도 전반적인 재평가를 위한 검증을 연 1회 이상 실시하여야 한다.
- 검증내용은 크게 두 가지로 나뉜다. 첫째는 HACCP 계획에 대한 유효성 평가(Validation), 둘째는 HACCP 계획의 실행성 검증 이다.

① 검증의 종류

- 내부검증 : 사내에서 자체적으로 검증원을 구성하여 실시하는 검증
- 외부검증 : 정부 또는 적격한 제3자가 검증을 실시하는 경우로 식품의약품안전처에서 HACCP 적용업체에 대하여 연1회 실시하는 사후 조사 · 평가가 이에 포함됨

표 9-8 HACCP 체계의 운영과 관련된 기록목록의 예

구분	내용
(1) 원료	- 규격에 적합함을 증빙하는 원료공급업체의 시험증명서 - 공급업체의 시험성적서를 검증한 업체의 지도 · 감독 기록 - 온도에 민감하거나 유통기한이 설정된 원료에 대한 보관온도 및 기간 기록
(2) 공정관리	- CCP와 관련된 모든 모니터링 기록 - 식품 취급과정이 적절하게 지속적으로 운영하는지를 검증한 기록
(3) 완제품	- 식품의 안전한 생산을 보장할 수 있는 자료 및 기록 - 제품의 안전한 유통기한을 입증할 수 있는 자료 및 기록 - HACCP 계획의 적합성을 인정한 문서

(4) 보관 및 유통	- 보관 및 유통온도 기록 - 유통기간이 경과된 제품이 출고되지 않음을 보여주는 기록
(5) 한계기준 일탈 및 개선조치	- CCP의 한계기준 이탈 시 취해진 공정이나 제품에 대한 모든 개선조치 기록
(6) 검증	- HACCP 계획의 설정, 변경 및 재평가 기록
(7) 종업원 교육	- 식품위생 및 HACCP 수행에 관한 교육훈련 기록

(7) 문서화 및 기록유지 설정

- 기록유지는 HACCP 체계의 필수적인 요소이며, 기록유지가 없는 HACCP 체계의 운영은 비효율적이며 운영근거를 확보할 수 없기 때문에 HACCP 계획의 운영에 대한 기록의 개발 및 유지가 요구된다.
- 기록유지 방법을 개발할 때에는 최적의 기록담당자 및 검토자, 기록시점 및 주기, 기록의 보관 기간 및 장소 등을 고려하여 가장 이해하기 쉬운 단순한 기록서식을 개발하여야한다.

4. 인증마크

- 안전관리인증기준(HACCP) 적용심벌이나 현판은 다음 기본 심벌을 참조하여 제품 및 업소의 특성과 포장 재질 또는 디자인에 적합하게 다양한 색상과 크기를 적용하여 사용할 수 있다

  ※ 식품 또는 축산물 구분이 필요한 경우 심벌 내부에 "식품안전관리인증 또는 축산물안전관리인증", "안전관리인증식품 또는 안전관리인증축산물" 로 표시할 수 있음).

1) HACCP 적용작업장 · 업소

2) HACCP 지정업소 현판 견본

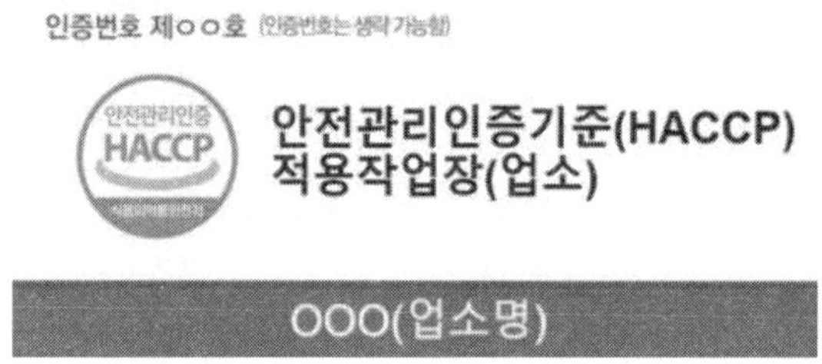

제 9장 ☘연습문제☘

1. 다음 중 식품안전관리인증기준(HACCP)을 실시하고자 할 때 가장 먼저 해야 할 일은?

① 중점관리점 규명

② 관리기준의 설정

③ 기록유지방법의 설정

④ HACCP 팀 구성

2. 다음의 정의에 해당하는 것은?

> 식품의 원료관리, 제조, 가공 및 유통의 전 과정에서 위해물질이 해당식품에 혼입되거나 오염되는 것을 사전에 방지하기 위하여 각 과정을 중점적으로 관리하는 기준

① Codex 기준

② HACCP

③ Recall 제도

④ ISO 인증

3. HACCP 7원칙에서 원칙1은?

① HACCP 팀 구성

② 위해요소분석

③ 위해허용한도 설정

④ 시정조치의 설정

4. HACCP 7원칙의 4번째 내용은?

① 위해요소분석

② 중요관리점결정

③ 허용한계기준설정

④ 모니터체계설정

5. HACCP의 7가지 원칙에 해당하지 않는 것은?

① 위해요소분석

② 중요관리점(CCP) 결정

③ 개선조치방법 수립

④ 회수명령의 기준 설정

6. HACCP를 시행하는 목적은 ?

① 식품의 영양보충

② 식품으로 인한 질병치료

③ 식품에 대한 위해성 경고

④ 식품으로 인한 위해 방지

⑤ 식품의 건강성 확보와 사후관리

7 식품위생관리에 HACCP을 가장 먼저 적용한 나라는 ?

① 호주

② 일본

③ 미국

④ 캐나다

⑤ 구 소련

8. 단체급식 HACCP에서 잠재적인 위해식품은 위험 온도대에 얼마 이상 노출시키면 안되는가 ?

① 2시간

② 3시간

③ 4시간

④ 5시간

⑤ 6시간

9. HACCP 의무 적용대상품목으로 옳은 것은 ?

① 김치류

② 냉동식품

③ 가열음료

④ 레토르트식품 일부

⑤ 어육가공품 중 어묵류

10. HACCP이 효과적으로 적용되기 위하여 선행요건 프로그램으로 갖추어야 하는 시설과 위생 및 공정에 관한 적정제조기준은 ?

① AMP

② GMP

③ IMP

④ SSOP

⑤ CCP

11. HACCP의 7원칙으로 옳은 것은 ?

① HACCP팀 구성

② 위해요소분석

③ 공정흐름도 작성

④ 일반 위생관리기준 설정

⑤ 제품 및 제품의 유통방법 기술

12. HACCP 7원칙 중 원칙3에 해당하는 것은 ?

① 위해요소분석

② 시정조치 설정

③ 한계기준 설정

④ 중요관리점 설정

⑤ 모니터링 시스템 설정

01-④, 02-②, 03-②, 04-④, 05-④, 06-④, 07-③, 08-③, 09-⑤, 10-②, 11-②, 12-③,

제 10장

식품위생 실험

식품위생학

10-1. 식품위생검사

식품위생실험의 종류와 실험방법의 내용이 광대하다. 본 서에서는 식품위생에 필요한 간단한 실습 내용을 다루고자 한다. 식품위생 검사의 항목으로는 관능검사, 생물학적 검사, 화학적검사, 물리학적검사, 독성검사 등이 있다. 본 내용에서는 생물학적인 기본적인 방법에 대하여 소개하고자 한다.

10-2. 검체의 채취 및 취급방법

1. 검체채취의 의의

검체의 채취는 식품위생법에 따라서 식품위생감시원이 검사대상으로부터 일부의 검체를 채취하여 기준 · 규격 적합여부, 오염물질 등에 대한 안전성 검사를 실시하여 그 검사결과에 따라 행정조치 등이 이루어지게 되므로 검사대상 선정, 검체채취 · 취급 · 운반 · 시험검사 등은 효율성을 확보하면서 과학적인 방법으로 수행하여야 한다. 따라서 검체를 채취하여 식품위생검사기관에 검사의뢰 하는 것은 중요한 의의를 가지므로 식품위생감시원은 검체채취 및 취급방법 등에 대하여 충분한 지식을 가지고 그 직무를 수행하여야 한다.

2. 검체채취의 일반원칙

검체의 채취는 식품위생감시원이 수행해야 하고, 난수표법을 사용하여 대표성을 가지도록 하여야 한다. 다만, 난수표법을 사용할 수 없는 사유가 있을 때에는 채취자가 검사대상을 선정 · 채취할 수 있다.

3. 검체의 채취 및 취급요령

1) 검체의 채취 요령

(1) 검사대상식품 등이 불균질할 때 외관, 보관상태 등을 종합적으로 판단하여 의심스러운 것을 대상으로 검체를 채취

(2) 포장된 검체의 채취

깡통, 병, 상자 등 용기 · 포장에 넣어 유통되는 식품 등은 가능한 한 개봉하지 않고 그대로 채취한다. 대형 용기 · 포장에 넣은 식품 등은 일부를 채취 할 수 있다.

(3) 선박의 벌크검체 채취

선박 벌크 제품의 대표성이 있도록 5곳 이상에서 채취 혼합하여 1개로 하는 방법

(4) 냉장, 냉동 검체의 채취

냉장 또는 냉동 식품을 검체로 채취하는 경우에는 그 상태를 유지하면서 채취하여야 한다.

(5) 미생물 검사를 하는 검체의 채취

멸균된 기구 · 용기 등을 사용하여 무균적으로 행하여야 한다.

(7) 기체를 발생하는 검체의 채취

개봉하지 않고 하나의 포장을 그대로 검체단위로 채취하여야 한다.

(8) 페이스트상 또는 시럽상 식품등

검체의 점도가 높아 채취하기 어려운 경우에는 검사결과에 영향을 미치지 않는 범위 내에서 가온 등 적절한 방법으로 점도를 낮추어 채취할 수 있다.

(9) 검사 항목에 따른 검체채취 주의점

① 수분: 밀폐 용기에 넣고 가능한 한 온도 변화를 최소화

② 산가 및 과산화물가: 검체를 빛이 차단되는 밀폐 용기에 넣고, 온도 변화를 최소화

2) 검체의 취급요령

(1) 검체채취내역서의 기재

식품위생감시원은 검체채취 시 당해 검체와 함께 검체채취내역서를 첨부하여야

(2) 식별표의 부착

수입식품검사는 검체를 수거하였음을 나타내는 식별표를 보세창고의 해당 식품에 부착

3) 검체의 운반 요령

(1) 채취된 검체는 오염, 파손, 손상, 해동, 변형 등이 되지 않도록 주의하여 검사실로 운반

(2) 검체가 장거리로 운송되거나 대중 교통으로 운송되는 경우에는 손상되지 않도록 포장

(3) 냉동 검체의 운반

냉동 검체는 냉동 상태에서 운반 또는 드라이아이스 등으로 냉동상태를 유지

(4) 냉장 검체의 운반

냉장 검체는 온도를 유지하면서 운반하여야 한다. 얼음 등을 사용하여 냉장온도를 유지

(5) 미생물 검사용 검체의 운반

① 부패 · 변질 우려가 있는 검체 : 저온(5℃± 3 이하)을 유지시키면서 24시간 이내에 검사기관에 운반

② 부패 · 변질의 우려가 없는 검체 : 반드시 냉장온도에서 운반할 필요는 없으나 오염, 검체 및 포장의 파손 등에 주의

③ 얼음 등을 사용할 때의 주의사항 : 얼음 등을 사용할 때에는 얼음 녹은 물이 검체에 오염되지 않도록 주의.

(6) 기체를 발생하는 검체의 운반

소분 채취한 검체의 경우에는 적절하게 냉장 또는 냉동한 상태로 운반

4. 검체채취 기구 및 용기

① 검체채취 기구 및 용기는 검체의 종류, 형상, 용기 · 포장 등이 다양하므로 검체의 수거 목적에 적절한 기구 및 용기를 준비하여야 한다.

② 제 7. 기구 및 용기 · 포장의 기준 · 규격에 적합한 것이어야 한다.

③ 기구 및 용기는 운반, 세척, 멸균에 편리한 것이어야 하며 미생물 검사를 위한 검체 채취의 기구 · 용기 중 검체와 직접 접촉하는 부분은 반드시 멸균 처리하여야 한다.

④ 검체와 직접 접촉하는 기구 및 용기는 검사결과에 영향을 미치지 않는 것이어야 한다.

⑤ 검체채취 및 기구 · 용기의 종류

㉠ 채취용 기구

저울, 핀셋, 가위, 칼, 캔따개, 망치, 전기톱 또는 톱, 곡물검체채취기(색대), 드라이어, 피펫, 커터, 액체검체채취용 펌프 또는 튜브, 국자, 깔때기 등

㉡ 채취용 용기 · 포장

검체봉투(대, 중, 소), 검체채취병(광구병) 등

㉢ 미생물검사용 검체채취 기구

멸균백, 멸균병, 일회용 멸균플라스틱 피펫, 멸균피펫 inspirator, 일회용 멸균 장갑, 70% 에틸알콜, 멸균스테인레스 국자, 멸균스테인레스 집게 등

㉣ 냉장 · 냉동 검체 운반기구

아이스박스, 아이스팩, 실시간온도기록계 등

㉤ 기 타

안전모, 간이사다리, 위생장화, 테이프, 아이스박스, 사진기, 필기구 등

5. 개별 검체채취 및 취급 방법

1) 수산물의 검체채취

(1) 관능검사용 검체채취방법

관능검사용 검체채취는 무포장 수산물과 포장수산물로 구분

(2) 정밀검사용 검체채취 방법

정밀검사용 검체의 채취는 관능검사 채점대상 수산물에서 무작위로 채취한다.

2) 잔류농약검사를 위한 검체의 채취

가능한 한 잔류농약검사를 위한 검체는 냉장보관 하여 운반한다.

3) 아플라톡신 검사를 위한 검체의 채취

가공식품은 검체채취의 일반원칙에 따라 채취하고 곡류, 두류, 땅콩 및 견과류 검사대량에 따라 검체수와 양을 달리하여 채취

4) 잔류동물용의약품 검사를 위한 검체의 채취

가공식품 및 축산물, 수산물은 각각의 검체채취의 일반원칙에 따라 채취

5) 유전자재조합성분 검사를 위한 검체의 채취

가공식품, 곡류, 두류, 및 대두분의 일반원칙에 따라 검체채취

6) 컨테이너의 검체채취

곡류벌크선적물의 경우에는 컨테이너 내부를 을(乙)자형으로 이동하며 무작위로 채취

10-3. 실험방법

1. 실험 보고서 작성법

제 목 :

실험일 :

실험자 :

1) 서 론(Introduction)

① 목적

② 원리 (또는 이론)- 요점을 이해하고 간단히 기록

2) 시약 및 실험 장치(Reagent and Apparatus)

① 시약: 이름, 용도, 독성유무, 기타

② 기구 및 장치: 기구의 용도

3) 실험 과정(Procedure)

간단하고 알기 쉽게 정리(순서도를 그려도 좋음)

※ 실제 실험시 실험시작부터 끝까지의 모든 data와 관찰사항 및 실험 과정 중 변경사항 등을 빠짐없이 기록한다.

4) 결과(Result)

① 실험 시 메모된 결과를 토대로 결과를 재정리

② 그림(그래프나 도표) 등을 이용하여 일목요연하게 정리한다.

5) 고찰(Discussion)

실험 결과를 분석하고 결론을 적는다. 실험에서 얻어진 결과를 이론에 근거하여 본인 스스로 작성하며, 다른 사람의 실험 결과(실험책 및 기발표 논문)와 비교분석, 만약, 잘못된 결과일지라도 그 결과에 대한 분석을 기재한다.

6) 참고문헌(Reference)

보고서 작성에 이용된 참고문헌 및 site

※ 실험보고서 작성 시 유의사항

① 실험 노트는 당일 작성을 하며, 결과는 실험 종료 후 되도록 빨리 정리하고,

② 관찰 내용(or data의 작성)은 실험 중에 직접 실험 노트에 기록한다.

2. 미생물 배지의 조제

목적: 미생물의 검사를 위한 배지의 조제법과 종류를 알아본다.

개요: 배지(Media)는 미생물을 생육, 번식시키기 위한 영양소이다. 그 조성은 미생물의 종류, 생리적 조건과 실험목적에 따라 달라진다.

1) 배지의 형태상 종류

(1) 액체배지

- 미생물의 생리화학적 연구, 대사산물의 이용, 혹은 미생물의 대량

배양 시 이용.

ex) Nutrient broth, Glucose broth

(2) 고체배지

- 액체배지에 agar(한천), gelatin, egg, serum등을 가하여 응고시킨 것으로 미생물의 보존배양, 순수분리, 생화학적 반응에 이용.

ex) Nutrient agar, Blood agar, Nutrient gelatin

2) 배지성분에 따른 분류

① 천연배지

② 합성배지

3) 배지의 용도상의 분류

① 선택배지

② 분별배지

③ Enrichment 배지

4) 배지 제조

(1) 실험 재료

배지 : Nutrient agar [Beef extract 3g, Peptone 5g, Agar 15g, D.W. 1,000ml, pH 6.8]

재료 : 배양접시(petri-dish), 500ml용 삼각플라스크, 멸균기, 저울, 증류수

5) 실험순서

평판배지

① 최종 용량의 2/3양의 물을 먼저 삼각플라스크에 넣고, 필요한 배지를 달아 용기에 넣는다.

예) 배지 200ml 제조시: 1L용 삼각플라스크에 물 140ml를 넣고 배지를 넣고 녹인 후, 최종 200ml 되게 함

② 배지 조성의 모든 것을 넣고, 녹을 때까지 충분히 혼화한다. 필요한 최종 양이 되게 증류수를 첨가하여 조정한다. 이후 면전을 실시한다.

③ 멸균: 121℃, 15분

④ 멸균이 완료된 배지는 60℃정도까지 식히고, 무균작업대 내의 알콜램프상에서 페트리디쉬를 열고 15 ~ 20㎖ 정도의 배지를 붓는다.

⑤ 배지를 부은 배양접시를 즉시 뚜껑을 덮고 배지가 굳을 때까지 그대로 둔다.

※ 오염의 확인: 오염여부를 알아보기 위해 무작위적으로 미생물을 이식하지 않은 2 ~ 3개의 평판을 37℃ 배양기에서 배양

Report: 1. 배지의 성분 및 형태에 따른 분류를 조사하시오?

3. 식품으로부터 미생물의 분리

목적 : 여러 가지 식품으로부터 미생물을 분리하여, 식품에 따른 미생물의 분포를 조사하고, 식품별 발생 미생물의 특성을 알아본다.

1) 미생물 분리 개요

(1) 도말평판법(Streak plate method):

- 고체평판 배지 상에 희석된 균원시료(식품) 일정량을 넣고, 멸균된 유리봉으로 골고루 퍼지게 도말 하여 배양기에 넣어 배양한다.
- 적절히 희석된 균원시료 일정량을 백금이로 취하여 agar plate 상에 도말한 다음, 배양기에 넣고 배양한다.

(2) 주입 평판식(Pour plate method)

희석된 균원시료 일정액을 취하여 50℃로 예비 냉각된 시험관내 배지 넣은 후, plate에 붓고 굳힌 다음 배양한다.

재료 : 검체 식품시료(3종이상- 우유, 야채, 육류, 도마, 행주), 고체배지, 알코올램프, 자동피펫, 배양기, 멸균수, 멸균된 시험관, 멸균면봉

2) 실험순서

1) 시료 채취: 식품공전에서 정하는 규칙에 따른다.

2) 미생물 분리방법(도말평판법)

(1) 시료준비: 균원 시료를 멸균수에 잘 혼합하여(또는 생리식염수로 희석)를 잘 혼합한다.

※ 시료의 희석: 미생물 존재의 정도에 따라 멸균된 물 또는 생리

식염수 이용

① 우유 : 원액 → 10배(우유 1ml+증류수 9ml) → 100배 → 1,00배 → 10,000배

② 스낵: 10배 (스낵 1g+우유1ml)

(2) 시료 첨가 : 희석된 균원시료 일정량을 취하여 agar plate 상에 가한다.-- 0.1 ~ 0.2ml

(3) 도말 : 멸균된 면봉 또는 도말봉으로 골고루 도말

※ 면봉은 멸균 또는 유리봉은 70% EtOH에 담근 후 화염멸균하여 사용

(4) 흡수: 일정시간 방치하여 수분이 agar내로 흡수되게 한다.

(5) 배양: 접종한 plate는 뒤집어서 배양기에 넣고 37°C에서 24 ~ 72시간 배양한다.

(6) 확인: 미생물 외관적 형태, 냄새, 현미경 관찰 등

3) 실험결과/고찰:

과제: 미생물 분리법을 요약 정리하여 제출하시오?

4. 미생물 이식법, 배지조제 및 백금이 제조

목적: 식품, 토양 및 오수 시료 중 존재하는 미생물의 종류, 수, 형태, 집락의 형태 등을 관찰한다.

개요: 미지의 미생물을 동정하기 위해서는 우선 선택적인 배지를 사용하여 순수 분리된균을 이용한다. 순수 분리된 균의 동정을 위해서는 형태적 방법, 생화학적 방법, 생리적 방법, 세포 유전학적 방법, 면역혈청학적 방법 등이 이용되며, 이들 방법 중 염색을 실시한 후, 현미경을 통한 형태적 구별 및 균 추정 방법이 널리 이용되고 있다.

재료: 식품의 각 재료(우유, 스낵, 식품재료, 행주, 기타)의 지난주 분리된 균주, NA(Nutrient agar) 배지, 백금이, 현미경, 슬라이드, 커버글라스

1) 방법 :

(1) 배지조제

NA 또는 표준평판배지

(2) 미생물 이식

분리된 미생물의 이식 도말 방법은

① 2분원 도말방법

② <u>**3분원 도말방법**</u>

③ 4분원 도말방법

④ 방사 도말방법

⑤ 연속 도말방법 등이 있다.

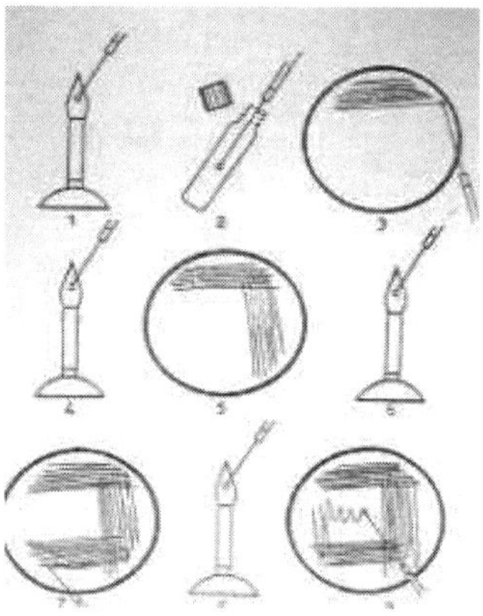

4분원법

2) 미생물 이식 : 3분원법을 활용

(3) 분리된 미생물 관찰

① 전 배양된 배양 접시에서 직접 육안으로 집락을 관찰

- 형태, colony 색소 등을 기록

② 전 배양된 균을 도말하여 현미경 관찰

- 형태, 배열상태, 크기관찰

③ 집락의 일부를 백금선으로 취하여 simple and gram staining

④ 필요시 선택 또는 감별배지 이용 배양

토론:

5. 대장균 시험법 (정성시험: 추정시험-유당배지법)

개요 : 대장균군이라 함은 Gram음성, 무아포성 간균으로서 유당을 분해하여 가스를 발생하는 모든 호기성 또는 통성 혐기성세균을 말한다. 대장균군 시험에는 대장균군의 유무를 검사하는 정성시험과 대장균군의 수를 산출하는 정량시험이 있다. 정성시험에는 추정시험, 확정시험, 완전시험이 있다.

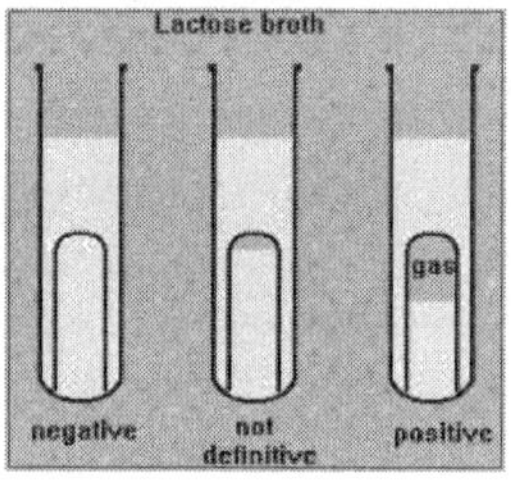

- **작용 : Lactose의 이용성 양성(Lactose ---→ Glucose+galactose) : durham 관에 gas포집**

  Glucose-----〉 acid + CO_2 (↑)

1) 추정시험 (유당배지법)

유당배지를 가한 발효관에 검체를 넣어 35±1℃에서 48±3시간 동안 배양하여 가스 발생이 있으면 대장균군의 존재가 추정된다. 시험에 사용하는 발효관은 듀람(Durham)발효관 또는 스미스(Smith)발효관으로서 희석액을 가하여 유당배지의 농도가 되도록 한다. 즉, 검액을 10, 1, 0.1ml씩 접종하여 35±1℃에서 24±2시간 배양하여 발효관 내에 가스가 발생하면 추정시험 양성이고 만약 24±2시간내에 가스가 발생하지 아니하였을 때에는 더 배양을 계속하여 48±3시간까지 관찰한다. 이 때까지 가스가 발생하지 않았을 때에는 추정시험 음성이고 가스발생이 있을 때에는 추정시험 양성이며 다음의 확정시험을 실시한다.

2) 실험재료

- 유당 배지, 검체시료: 계분(또는 분변, 10배 희석액), 식품시료(10배 희석액)
- 시험관 10ml용: 6개- 1ml, 0.1ml 접종용, 30ml용: 3개-10ml 접종용, 듀람관

3) 실험방법

① 시험관을 준비한다: 10ml용 시험관 4개(2개시료)- 0.1ml, 1ml 시료 접종용 30ml용 시험관 2개(1개시료)- 10ml 시료 접종용

② 배지조제: LB 배지

③ 시험관에 배지를 넣고, 듀람관을 넣는다.

※ 10ml 접종용 시험관에는 2배 농도의 배지를 넣는다.

④ 배지를 멸균하여 냉각한다.

⑤ 검액을 가한다(10ml, 1ml, 0.1ml)

⑥ 배양: 35℃, 48시간

4) 결과

① 가스발생 유무 관찰: 가스발생- 추정시험 양성 / 가스 미발생- 추정시험 음성

6. 대장균군 시험법 (정성시험: 확정시험- EMB agar 배지법)

대장균군을 위한 시험법으로는 정성시험과 정량시험이 있다. 정성시험은 식품 또는 음료에 대장균의 유무를 확인하는 방법이고, 정량시험은 식품 내에 함유되어 있는 대장균의 정확한 균수를 측정하여 오염정도를 측정하는 방법이다.

1) 정성시험

(1) 유당배지법

① 추정시험- 유당부이욘 배지법,

② <u>확정시험-EMB agar 배지법</u>

③ 완전시험

(2) BGLB 배지법

(3) 데스옥시콜레이트 유당한천 배지법

2) 정량시험

① 최확수법

② BGLB 배지에 의한 정량법

3) 대장균군 정성시험 확정시험법]

(1) 실험재료

대장균 추정시험 양성인 균주(또는 대장균), EMB 한천배지, 멸균기. 삼각플라스크, 배양접시, 저울, 약스푼, 멸균용 시험관, 멸균수

(2) 실험방법

① 배지조제: EMB 배지를 조제한다. 1인당 균주(시료) 1개별 3개 plate, 1인당: 1인×2개균×3개×20ml=120ml 배지

② 멸균: 121℃, 15분간

③ 냉각: 멸균된 배지를 60℃ 내외까지 냉각

④ 부음: 식힌 배지를 배양접시에 15-18ml 정도씩 붓는다.

⑤ 굳힘: 배지를 실온에서 굳힌다.

⑥ 접종: 전 실험(정성시험)에서 양성이었던 시험관내 균주를 1백금이 취하여 3분원법으로 접종

⑦ 배양: 35±1℃, 24±2시간 배양

⑧ 관찰: 전형적인 집락이 발생시 확정시험 양성으로 판정

※ 전형적인 집락: 분홍, 보라, 금속성 광택 등의 전형적인 집락

※ 검토: 확정시험에서 양성인 경우는 완전시험을 실시하여야 한다.

(3) 실험결과

과제 :

EMB 배지의 조성과 원리에 대하여 알아본다.

EMB(Eosin methylene blue) agar			
peptone	10 g	lactose	5 g
sucrose	5 g	Dipotassium phospate	2 g
agar	13.5 g	Eosin Y	0.4 g
Methylene Blue	0.065 g	D.W.	1,000 mℓ

그람양성세균을 억제하는 eosin Y와 methylene blue를 첨가하여 그람음성 장내세균의 선택배지임과 동시에 유당 또는 자당 발효 세균을 구분 할 수 있는 감별배지로 쓰인다. 유당 또는 자당을 발효하는 세균은 배지의 pH를 낮춰 진한 자줏빛에서 **청색이거나 집락 중앙은 검고** 가장자리는 무색을 보이며 비발효 세균은 투명하거나 무색의 집락을 보인다. ***E. coli*** **집락은 반사광으로 관찰하면 녹색의 금속성 광택이 관찰**된다. 일부 포도상구균과 장구균은 작은 집락을 형성할 수 있고 녹농균 (P. aeruginosa)집락은 가장자리는 사상형이며 배꼽 모양으로 대개 보라색이다.

on EMB agar

EMB agar에서 전형적으로 분홍, 보라, 금속성광택 등의 전형적인 집락(확정시험양성)

7. 대장균군 – 정량실험: 데스옥시콜레이트 유당한천(Desoxycholate Agar) 배지법

1) 작용기전

① Desoxycholate는 Gram(+)의 생육을 광범위하게 저해

② Gram(–)가 유당을 분해하여 산을 생산하므로 지시약인 netural의 색이 붉은색으로 변하게 되어 다른 세균과 구별

③ bile acid의 침전에 의하여 zone이 생성

Colony의 형태	Microorganism
Red, 침전에 의한 zone의 생성	*Lactose-positive bacteria, E. coli*
Pale with a pink centure and by a zone of precipiate	*Enterobacter, Klebsiella and other*
Colourless	*Salmonella, Shigella, Proteus, Pseudomonas*

2) 시험방법

① 시험용액과 각 단계별 희석액을 2매 이상의 멸균 petri dish에 1mℓ

씩 취함

② 미리 가온 용해하고 43 ~ 45℃에 보존한 데스옥시콜레이트 유당 한천배지를 약 15㎖씩을 무균적으로 분주하고 좌우로 혼합

③ 응고 후 동일배지 혹은 보통한천배지 3 ~ 5㎖을 부어 중첩시킨다 (확산집락 방지, 생략하여도 무관).

④ 35±1℃ , 20±2시간 배양

⑤ 계수: 일반 세균수 측정법이 따라

3) 정량시험

(1) 최확수법

최확수는 검사 대상 시료를 10㎖, 1㎖ 및 0.1㎖씩을 각각 3개씩의 시험관에 가하여 배양 후 얻은 결과에 의하여 검체 100㎖ 중(또는 100g 중)에 존재하는 대장균군수를 표시하는 것이다. 최확수(MPN ; most probable number)란 반복적으로 실험 시에 얻을 수 있는 수학적 이론상 가장 가능한 수치를 의미한다.

(2) BGLB 배지에 의한 정량법

시험용액 10, 1 또는 0.1㎖를 3개씩의 BGLB 배지에 접종한다. 0.1㎖ 이하를 접종할 필요가 있을 때에는 10배 희석 단계액을 각각 1㎖씩 사용한다. 이때 시험용액의 최대량을 가한 배지의 전부 또는 대부분에서 가스 발생을 인정하고, 최소량을 가한 배지의 전부 또는 대부분이 가스를 발생하지 않도록 접종량과 희석도를 고려하여야 한다. 이하의 조작은 각 발효관에 대하여 BGLB 배지에 의한 정성시험법에 따라 수행하고 대장균군의 유무를 조사하여 최확수표에 따라 검체 100㎖ 또는 100g 중의 대장균군수를 산출한다.

8. 대장균군 시험법법 (정성시험– 데옥시콜레이트 유당한천배지법)

1) 개요

대장균군이라 함은 Gram음성, 무아포성 간균으로서 유당을 분해하여 가스를 발생하는 모든 호기성 또는 통성 혐기성세균을 말한다. 대장균군 시험에는 대장균군의 유무를 검사하는 정성시험과 대장균군의 수를 산출하는 정량시험이 있다.

(1) 정성시험

① 유당배지법

㉮ 추정시험

㉯ 확정시험

㉰ 완전시험

② BGLB 배지법

③ <u>데스옥시콜레이트 유당한천 배지법</u>

(2) 정량시험

① 최확수법

2) 데스옥시콜레이트 유당한천 배지법에 의한 대장균 시험법

(1) 시험시료

전 시간 분리한 균주, 유제품류, 아이스크림, 식품재료

(2) 균액조제

분리된 균주, 식품 시료: 10배 용액– 식품시료 1g(또는 1ml)를 증류수 9ml에 넣음

(3) 배지조제

데스옥시콜레이트 유당한천배지 1인당 2개 plate(조별 200ml정도) 제조배지는 가열 용해하는 것으로 멸균을 대신한다.

(4) 실험절차

[분리된 균주를 사용하는 경우]

① 데스옥시콜레이트 유당한천배지에 전 시간에 분리된 균주를 도말한다.(3분원법)

② 배양: 35±1℃에서 20±2시간 배양

[식품 시료를 사용하는 경우]

① 시료: 시험용액 1ml와 각 단계 희석액 1ml씩을 2매이상의 멸균 페트리접시에 취함

② 분주: 미리 가온 용해하여 약 50℃에 보존한 데스옥시콜레이트 유당한천배지 약 15ml를 무균적으로 페트리접시에 분주

③ 혼합: 회전하여 좌우로 기울이면서 검체와 배지를 잘 혼합한 후 냉각응고 시킴

④ 중첩: 표면에 동일한 배지 또는 보통한천배지를 3 ~ 5ml를 가하여 중첩(생략가능)

⑤ 배양: 35±1℃에서 20±2시간 배양

(5) 판정

대장균인 경우 전형적인 암적색의 집락이 나오면, 이후 확정시험 및 완전시험법에 따라 실시하고 대장균군의 유무를 결정한다.

9. 우유의 신선도 검사

목적 : 실험을 통하여 우유의 신선도를 판별한다.

개요 : 우유의 성분 및 규격은 무지유고형분 8.0%이상, 유지방 3.0% 이상, 비중 1.028-1.034, 산도 0.18%이하, 세균수 40,000이하/1ml, 대장균수 10이하/1ml이다. 우유의 검사로는 신선도는 산도, 알코올 및 자비법이 있고, 비중, 유지방, 잔류항생물질, 미생물수 검사 등이 있다. 살균은 저온장시간살균법(63-65℃ 30분, LTLT), 고온단시간살균법(72-75℃ 15-20초, HTST), 초고온살균법(130℃, 2초)이 있다. 저장은 5℃에서 5일이상이면 변패한다.

1) 실험재료

페트리디쉬, 뷰렛(50ml용), 뷰렛대, 비커(100ml), 시험관, 피펫(10ml), 알콜램프, 시험관집게, 깔대기, 메스실린더(100ml), 온도계, 우유, 70%메탄올, 1%페놀프탈레인용액, 0.1N수산화나트륨용액

2) 실험방법

(1) 알코올 시험

① 시험할 우유 2ml을 시험관에 넣는다.

② 1)의 시험관에 70% 에탄올 2ml를 넣는다.

③ 시험관을 잘 흔들어 5초 이내에 내용물을 혼합한다.

④ 시험관의 내용물을 페트리디쉬에 넣는다.

⑤ 응고물 생성여부를 관찰하여 우유의 산패여부를 판정한다.

※ 에탄올의 탈수작용으로 산도가 높은 우유는 카세인이 응고되어 백색과립상의 응고/침전물 생김(산도 0.21%이상인 경우)

3) 자비법

① 우유 10ml를 시험관에 넣는다.

② ①의 시험관을 알코올램프로 가열하여 끓으면 가열을 중지한다.

③ ②의 우유를 페트리디쉬에 따라 낸 후, 응고물 형성 여부 확인

※ 정상 우유-응고물 안생김, 산도가가 높으면(0.25% 이상)- 응고물 생김

4) 산도측정법

① 뷰렛의 콕을 잠그고 깔대기를 넣은 다음, 0.1N NaOH 용액을 50ml 채운다.

② 비이커에 우유 10ml를 넣고 페놀프탈레인 용액 2-3방울을 넣는다.

③ 왼손으로는 뷰렛의 콕을 조금씩 열어 시료가 있는 비이커에 적정하고, 오른손으로는 비이커를 가볍게 흔들어 준다.

④ 연한분홍색이 나타나 30초 동안 없어지지 않으면 적정 종말점으로 하고, 적정에 사용된 수산화나트륨 용액의 양을 기록한다.

⑤ 적정산도를 계산한다.

유산(%)= 0.1N NaOH 적정량(ml) × f × 0.009／시료의 채취량(g) × 100

※ 판정: 0.14-0.16%이면 신선, 0.18-0.20%이면 초기부패, 0.25%이상이면 부패유

Rep : 우유의 영양적 가치에 대하여 조사하시오?

10. 그람염색 시약조제 및 염색시험

목적 : Gram 염색을 통한 세균의 분류와 Gram 염색의 원리를 익힌다.

개요 : Christan Gram(1884, 덴)은 Gram 염색법에 의하여 세균을 크게 Gram(+)와 Gram(−)균으로 분류했다. Gram염색은 분별 염색방법 중 한 방법으로서 세균의 일반적 분류에 가장 보편적으로 사용하고 있는 방법이며, 세포벽의 물리화학적 차이에 의해 구별한다. 염색액중 crystal violet의 보라색(청자색)으로 염색되면 Gram 양성(+), 알코올로 탈색되고 safranin으로 염색되어 적색이면 Gram 음성(−) 균이다. 그람음성은 알코올로서의 탈색 처리가 끝나고 붉은색의 Safranin으로 2중 염색을 시켜 보면 분홍색으로 염색되는 것이 특징이다.

1) 실험재료

그람음성균 : *Escherichia coli* (대장균), *Salmonella typhimurium*,

그람양성균: *Bacillus subtilis*(고초균), *Stapylococcus aureus*(황색포도상구균)

시약 : 요오드 용액(매염제), Ammonium crystal violet solution (basic dye), Safranin solution(대비염색), 95% 알코올(탈색제)

재료 : 슬라이드 및 커버글라스, washing bottle, 백금이. 알콜램프, 여지, 습지, 현미경, lens paper, xylene, cedar oil

2) 시약조제

(1) Crystal violet(Hucker's) 용액

A액: Crystal violet 용액

① Crystal violet ----- 2g

② 95% ethyl alcohol----- 200mℓ

B액: Ammonium oxalate 용액(B액)

① Ammonium oxalate--- 0.8g

② 증류수 ----- 80mℓ

※ **최종사용액 : A액 + B액:** 사용시 혼합 (하룻밤 방치후, 여과하여 사용)

3) Iodine 용액(Lugol's solution)

① Iodine crystal(I_2)------- 1g

② Potassium iodine(KI)----- 2g

③ 증류수 ----- 300mℓ

※ KI 2g을 증류수 300mℓ에 녹인 다음, 여기에 I_2를 1g 첨가하여 녹인다.

4) 탈색제: 95% 에틸알코올(탈색제)

5) Safranin O 용액(대조염색액)

① Safranin O ------ 0.25g

② 95% ethyl alcohol------ 10mℓ

③ 증류수 ------ 100mℓ

※ Safranin O 0.25g을 95% 알코올 10mℓ에 녹인 다음, 증류수 100mℓ를 첨가한다.

6) 방법 :

(1) 표본제작

① 도말: 증류수 1-2방울을 슬라이드 글라스에 떨어뜨리고, 미생물 1백금이 도말

② 건조: 공기 또는 불꽃상에서

③ 고정: 미생물이 도말된 슬라이드 글라스를 불꽃상에서 5 ~ 6 회 통과

(2) 염색

① 1차염색: Crystal violet solution------------------ 1분

수세: 슬라이드 글라스의 뒷면으로 물을 흘림

② 매개염색: 요오드 용액 ------------------------ 1분

③ 탈색: 95% 알코올 ------------------------ 수초

수세: 슬라이드 글라스의 뒷면으로 물을 흘림

④ 대조염색: Safranin O ----------------------- 1분

수세, 건조

(3) 검경: 1,000 ×----- 유침액 사용

판정: Gram(+)균- **청색(CV 염색)**

Gram(-)균- **적색(Safranin 염색)**

11. 공중 낙하균 및 주변 위생 조사

목적 : 생활 주변 및 공중 낙하균의 미생물의 분포 측정

개요 : 우리 주변에 존재하는 미생물의 실체를 미생물 배양 배지를 이용하여 확인한다. 공중 낙하 균은 우리가 살고 있는 공기 중에 존재하는 미생물의 수를 측정하며, 주변의 미생물은 우 리의 인체에 존재하는 상재균 및 자주 이용하는 도구 등에 존재하는 미생물을 확인한다.

1) 시료와 시료채취 조건

조원	공중낙하균 측정	주변의 미생물	비 고
1	조리실습실	조리실 도마	
2	제빵실습실	제빵실습실 대	
3	강의실	책상 표면	
4	신체 부분	손가락(남, 여)	
5	생활용품	휴대폰, 열쇠, 라이터, 손수건	
6	냉장고	냉장고, 냉동고	
7	실험실 내	공중 낙하균	실습실, 생산현장

2) 준비물(1인당)

1) 배양접시: 2개 × 2개 시료= 4개 2) 배지(NA): 4개 × 20 mℓ = 80 mℓ, 3) 멸균수(생리식염수): 50 mℓ 4) 수욕조: (45℃ 유지),	5) 삼각플라스크: 300 mℓ용 6) 히터, 멸균기, 저울, 매스실린더, 유산지, 약스푼 등

3) 실험방법

(1) 배지조제:

① 1인당 배지(NA)는 배양접시 4개 준비: 배지 80ml 필요⟶ **100ml 제조**

② 배지를 멸균하여 45℃ 수욕조에 유지한다.

(2) 생활 주변 미생물 측정 시료채취 및 조제:

① 시료채취:

- 고체 표면의 일정면적(10×10cm 또는 5×5cm)를 일정량(1-5ml)의 멸균식염수로 적신 멸균가제 또는 면봉으로 씻음
- 이것을 멸균된 시험관에 넣고 멸균식염수 10ml를 첨가하여 세게 흔든 다음 사용한다.

② 희석된 시료는 빈 배양 접시에 1ml씩 첨가한다.

③ 배지를 첨가하고(18-20ml), 잘 흔들어 시료가 섞이게 한다. 굳힌 다음 배양기에 넣는다.

(3) 주변 위생 조사(주변 미생물)

① 미생물을 배양할 배지(Nutrient agar)를 조제한다

② 배지위에 머리카락, 동전, 라이타 등을 올린다

(4) 공중 낙하균 측정

① 미생물을 배양할 배지(Nutrient agar)를 조제한다

② 지정된 장소에 평판의 뚜껑을 열고 5분간 방치한다

③ 뚜껑을 닫고 뒤집어서 37℃의 배양기에서 48시간 배양한다

(5) 배양

① 접종한 배양접시는 뚜껑을 닫고 뒤집어서 37℃의 배양기에서 48시간 배양한다

(6) 미생물 계수 및 관찰

① 증식한 미생물을 관찰한다: 미생물 갯수 및 종류

12. 소독제의 소독효과

목적 : 식품오염 및 질병과 관련된 미생물을 최소화하는데 필요한 소독제의 살균효과를 알아 본다

개요 :

소독제 : 미생물을 죽이거나 생장을 억제하는데 쓰이는 화학제(미생물의의 세포 구조의 변화, 물리적, 화학적 손상에 의한 작용)

방부제 : 미생물의 증식,부패,발효를 억제하는 물질(미생물의 물질대사과정 차단)

항생제 : 미생물의 물질대사과정에 도입, 균을 치사시키거나 증식억제

1) 살균법

① 자비법: 100℃에서 30분간 가열

② 저온살균: 65℃ 에서 30분간 가온

③ 소독제(Disinfectant)

구 분	종 류	농 도	
금속류	승홍(HgCl2)	0.1-0.5%	
	질산은(AgNO3)	0.1%	안질예방
	Mercurocrom	2%	피부소독
할로겐류	Iodine ticture	6%	피부, 기구소독
	염소가스	2ppm	음료소독
	고도표백분		식품방부, 사용기준없음
	차아염소산나트륨	4%(유한락스)	식품방부, 참깨사용금지
	chloramine-T	0.5%	손, 기구소독
석탄산유도체	Phenol	3-5%	피부, 의료기구
	Cresol	1-3%	피부, 오물소독
	Cresolate	0.1%	구강소독
알코올류	에틸알콜	70%	피부, 기구소독
	Isopropyl알콜	30-70%	의료기구
계면활성제	비누/화장품		
산화제	과산화수소	3%	

2) 실험재료

멸균수, 멸균솜, 1ml 피펫, 배양접시, 평판배지(NA, PDA), 항온배양기 식품에 이용되는 살균제 또는 소독제: 차아염소산나트륨, 과산화수소, 페놀, 크레졸, 에틸 알코올

3) 실험방법

① 선택된 소독액을 실험대, 기구, 손 등에 스프레이 하거나 닦는다.
② 대조시험액은 멸균된 증류수를 사용하여 위와 동일한 조건하에서 실시.
③ 소독액을 처리 5분이 지난후 멸균된 솜으로 닦아 10mℓ 멸균수에 현탁.
④ 현탁된 멸균수를 0.1ml 을 선택된 배지에 접종.
⑤ 접종된 배지를 32℃에서 24시간 배양.
⑥ 배양된 세균의 콜로니 수를 세어 세균수를 계산한다.

4) 결과

살균제(소독제)	미생물 수	소독 효과(순)	비고
차아염소산나트륨(4%)			
과산화수소(3%)			
페놀(3%)			
크레졸(3%)			
에틸알코올(70%)			

제 10장 ☘ 연습문제 ☘

1. 대장균 정성시험법의 순서는?
   ① 추정시험-완전시험-확정시험
   ② 추정시험-확정시험-완전시험
   ③ 확정시험-완전시험-추정시험
   ④ 확정시험-추정시험-완전시험

2. 대장균에 관한 설명 중 틀린 것은?
   ① 그람음성의 무아포성 간균이다.
   ② 젖당을 분해하여 산과 가스를 발생시킨다.
   ③ 대장균군이 검출되면 반드시 병원성균들이 존재 한다는 것을 의미 한다.
   ④ 먹는 물에는 100ml당 검출되지 않아야 한다.
   ⑤ 냉동식품의 분변오염 지표균으로 부적합하다.

3. 대장균 추정시험에 이용되는 배지는?
   ① LB 배지
   ② Mannite 배지
   ③ Thioglycolate 배지

④ SS배지

4. 다음 중 대장균 정량시험법은

① 추정시험

② 최확수법

③ 확정시험

④ 완전시험

5. 다음 미생물 시험법 중 생균수 시험방법은?

① 표준평판법

② 혈구계수기법

③ 건조균체량측정법

④ 질소함량법

01-②, 02-③, 03-①, 04-②, 05-①

참고문헌

김덕웅 외 3인, 그림으로 본 식품분석 및 위생실험, 석학당(2009

김은주 외 7인, 공중보건학, 보문각(2010)

김은주 외 3인, New 공중보건학, 보문각(2017)

권훈정 외 3인, 식품위생학, (주) 교문사(2011)

금종화 외 11인, 알기 쉬운 식품위생학, 도서출판 효일(2016)

금종화 외 7인, 21세기 식품위생학, 도서출판 효일(2004)

구난숙 외 3인, 식품위생학, 파워북(2012)

문창규 외 10인, 식품위생학, 보문각(2010)

박영현 외 7인, 최신 식품위생안전성학, 보문각(2016)

심우만 외 3인, 식품미생물학, 문운당(2010)

송형익 외 5인, 현대 식품위생학, 지구문화사(2006)

이정훈 외 4인, 식품위생학, 백산출판사(2002)

장동석 외 3인, 자세히 쓴 식품위생학, 정문각(2002)

최연배, 특강 식품위생학, 석학당(2010)

최해연 외 4인, 식품위생학 및 법규, 파워북(2014)

식품의약품안전청, 식품공전, 식품의약품안전청(1999)

식품위생관계법규, 문운당편집부(2017)

한국식품영양관련학과 교수협의회, 영양사시험문제집(2017)

식품안전나라: www.foodsafetykorea.go.kr

통계청 국가통계포털: www.kosis.kr

한국식품의약품안전처: www.mfds.go.kr

한국식품안전관리인증원: www.haccp.or.kr

조리사, 영양사를 위한 식 품 위 생 학

2019년 1월 25일 1판 1쇄 인쇄 / 2019년 1월 31일 1판 1쇄 발행
지은이. 이 준 우
펴낸이. 윤 용 호
펴낸곳. 석학당 출판사 121-856 서울시 마포구 토정로 222 한국출판협동조합 3층 301호
등록. 2001.10.23. 제10-2238호 | 전화. 02)719-6116 | 팩스. 02)719-6120
홈페이지. www.shdbooks.co.kr | E-mail. shd6116@chol.com

ISBN 979-11-87621-28-7

가 격 18,000원